大学计算机基础实验指导

主　编　杨文静　唐玮嘉　侯俊松
副主编　王颖娜

北京理工大学出版社
BEIJING INSTITUTE OF TECHNOLOGY PRESS

内 容 简 介

本书是与《大学计算机基础》配套使用的实验指导用书，分为实践篇和习题篇。实践篇主要是以 Windows 10 操作系统和 Microsoft Office 2010 系列办公软件为实验环境而设计的实践操作，详细介绍了上机步骤和实践过程；习题篇主要以《大学计算机基础》的内容为基础，配套习题与参考答案，以便强化学生的理论知识的认知能力。

本书可以作为《大学计算机基础》教材的配套教材，也可以作为初学者的辅导用书。

图书在版编目（CIP）数据

大学计算机基础实验指导/杨文静，唐玮嘉，侯俊松主编 . —北京：北京理工大学出版社，2019.4（2020.8 重印）

ISBN 978 - 7 - 5682 - 6938 - 4

Ⅰ. ①大…　Ⅱ. ①杨…②唐…③侯…　Ⅲ. ①电子计算机 – 高等学校 – 教学参考资料

Ⅳ. ①TP3

中国版本图书馆 CIP 数据核字（2019）第 071770 号

出版发行 / 北京理工大学出版社有限责任公司

社　　址 / 北京市海淀区中关村南大街 5 号

邮　　编 / 100081

电　　话 / （010）68914775（总编室）

　　　　　（010）82562903（教材售后服务热线）

　　　　　（010）68948351（其他图书服务热线）

网　　址 / http：//www.bitpress.com.cn

经　　销 / 全国各地新华书店

印　　刷 / 三河市天利华印刷装订有限公司

开　　本 / 787 毫米 × 1092 毫米　1/16

印　　张 / 10

字　　数 / 240 千字

版　　次 / 2019 年 4 月第 1 版　2020 年 8 月第 2 次印刷

定　　价 / 27.00 元

责任编辑 / 梁铜华

文案编辑 / 曾　仙

责任校对 / 周瑞红

责任印制 / 李志强

教材编写委员会

主 任　马　杰

副主任　丁恒道

委 员　张建东　高　力　向晓明　蔡四青　方　慧　秦庆峰

　　　　段炳昌　周宝娣　邓世昆　孙　俊　郭亚非　张荐华

　　　　任新民　梁育全　徐东明　杨云峰　张汝春　孙　雷

前　　言

随着计算机科学技术的发展以及学生计算机应用能力的提高，高校对培养各专业学生的计算机知识和能力上的要求也上了一个台阶。为了适应这种新的发展，培养学生的计算思维，我们编写了《大学计算机基础》。该书明确了计算机基础课程"面向应用"的基本定位，强调培养学生解决问题的能力，每一个知识章节的设计都明确与解决何种问题的能力对应，充分体现了对学生计算思维素养的培养。

本书可作为《大学计算机基础》教材的配套教材，也可作为初学者的辅导用书。本书分为两篇，第一篇是实践篇，第二篇是习题篇。

实践篇主要是以 Windows 10 操作系统和 Microsoft Office 2010 相关软件为实验环境所设计的实践操作。全篇分为 5 章，包含 15 个实验。每个实验中都有详细的上机步骤和实践指导过程，使学生在学习理论知识的同时能与实际操作相结合，提高学生的实践动手能力。

习题篇主要是以计算机基础知识为支撑，全篇分为 11 章，与《大学计算机基础》的章节内容配套，内容主要为习题和参考答案，可用于强化学生的理论知识的认知能力。

本书由云南大学滇池学院的杨文静、唐玮嘉、侯俊松、王颖娜共同编写，由杨文静、唐玮嘉、侯俊松担任主编，第 1、2、7、8、10 章由唐玮嘉编写，第 3、11、13、16 章由杨文静编写，第 4、6、12 章由王颖娜编写，第 5、9、14、15 章由侯俊松编写。本书的编写得到了云南大学滇池学院理工学院邓世昆院长及编者所在教学团队的关心和大力支持，在此表示深深的感谢！

本书提供书中所有实践素材及示例文档，如有需要，请发邮件至 wenjingyang82@126. com。

由于编者水平有限，书中难免存在疏漏之处，恳请读者批评指正。

编　者

CONTENTS 目录

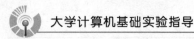

第一篇

实 践 篇

第1章

<<<<<

Windows 10 操作系统实验

实验一　Windows 10 操作系统的基本使用

一、实验目的

（1）掌握桌面的组成及个性化设置。
（2）掌握任务栏、窗口、对话框的基本操作。
（3）掌握程序的管理方法。

二、实验步骤

1. 桌面设置

（1）桌面个性化设置。

①设置桌面主题为"鲜花"，并将背景图片的切换频率设置为 10 分钟，颜色设置为浅红色，光标设置为"Windows 默认（大）（系统方案）"。

【提示】

　　单击桌面左下角的 Windows 图标，在弹出的"开始"菜单中选择"设置"，然后在打开的"设置"对话框中单击"个性化"图标→"主题"分类。

②使用画图工具作画一幅，保存为"Windows 10 背景 . jpg"，并将该图片作为桌面背景。

③在桌面显示"此电脑""用户的文件""控制面板""网络"图标，隐藏"回收站"图标，并更改"此电脑"的图标。

【提示】

　　在"设置"对话框中，单击"个性化"图标→"主题"分类，然后选择"桌面图标设置"选项。

④设置屏幕保护程序。选用"3D文字"屏幕保护程序，在"自定义文字"文本框中输入自己的姓名，将等待时间设置为3分钟。

【提示】

在"设置"对话框中，单击"个性化"图标→"锁屏界面"分类。

（2）查看并记录当前屏幕的信息。

①分辨率为＿＿＿＿＿＿＿＿＿＿＿＿。

②方向为＿＿＿＿＿＿＿＿＿＿＿＿＿。

③刷新频率为＿＿＿＿＿＿＿＿＿＿。

④颜色质量为＿＿＿＿＿＿＿＿＿＿。

【提示】

在"设置"对话框中，单击"系统"图标→"显示"分类。

（3）启动"记事本""画图""Word""Excel""PowerPoint"等程序，对窗口进行层叠、堆叠、并排显示。

【提示】

在任务栏快捷菜单中进行设置。

（4）启动"记事本""画图""Word""Excel""PowerPoint"，进行左右分屏显示、四分屏显示。

（5）将"画图""计算器""记事本"图标固定到开始屏幕。

（6）设置一个用于休闲娱乐的虚拟桌面。

2. 任务栏设置

（1）显示或隐藏任务栏。

（2）设置任务栏在屏幕顶部显示。

（3）在通知区域中不显示"网络"图标。

【提示】

在任务栏快捷菜单中选择"任务栏设置"。

3. 输入法设置

（1）显示或隐藏任务栏。

（2）设置"微软拼音"为默认输入法。

【提示】

在"设置"对话框中，单击"时间和语言"图标→"区域和语言"分类，然后选择"高级键盘设置"选项。

4. 用户账户管理

（1）创建一个 TestUser1 标准账户，并将自己的学号设置为密码。
（2）切换到 TestUser1 账户，并登录系统。
（3）注册一个 Microsoft 账户，并登录系统。

5. 任务管理器的使用

启动"计算器""记事本"，打开任务管理器，记录以下信息：
（1）CPU 的利用率为_____。
（2）内存的使用率为_____。
（3）磁盘的利用率为_____。
（4）当前系统的进程数为_____，线程数为_____。

6. 查看并记录系统信息

（1）当前操作系统的版本为_____。
（2）内存容量为_____。
（3）CPU 的型号为_____。
（4）计算机的名称为_____。
（5）工作组为_____。

【提示】

通过"控制面板"中的"系统"工具或通过"此电脑"属性窗口查看。

7. 安装和卸载应用程序

（1）下载"金山卫士"，并安装此程序。
（2）卸载"金山卫士"。

实验二　文件和磁盘管理

一、实验目的

（1）掌握文件和文件夹的常用操作。

（2）掌握磁盘管理的方法。

二、实验步骤

打开 C:\WINDOWS 文件夹，进行以下操作。

1. 浏览文件及文件夹

（1）分别用小图标、列表、详细信息等方式浏览。

【提示】

通过文件夹窗口的"查看"选项卡→"布局"组进行设置。

（2）分别按名称、修改日期、类型等方式进行排序。

【提示】

通过文件夹窗口的"查看"选项卡→"当前视图"组进行设置。

2. 设置文件夹选项

（1）隐藏文件的扩展名。
（2）显示隐藏的文件、文件夹。

【提示】

通过文件夹窗口的"查看"选项卡→"显示/隐藏"组进行设置。

3. 创建文件夹、子文件夹和文件

文件夹结构如图 1-1 所示。

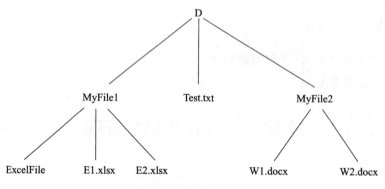

图 1-1 文件夹结构

4. 复制、移动文件或文件夹

（1）将 Test. txt 复制到 MyFile1、MyFile2 文件夹。

（2）将 ExcelFile 文件夹移动到 MyFile2 文件夹。

5. 删除文件或文件夹

（1）删除 D 盘根文件夹下的 Test. txt。

（2）恢复删除的 Test. txt。

（3）永久删除 MyFile2 文件夹中的 W1. docx。

【提示】

使用〈Shift + Delete〉组合键。

6. 设置文件夹属性

（1）将 MyFile1 文件夹中 E1. xlsx 的属性设置为"只读"。

（2）将 MyFile2 文件夹中 W2. xlsx 的属性设置为"隐藏"。

7. 创建文件或文件夹的快捷方式

（1）在桌面创建 MyFile1 文件夹的快捷方式。

【提示】

右键单击 MyFile1 文件夹，在弹出的快捷菜单中选择"发送到"→"桌面快捷方式"。

（2）在桌面创建记事本的快捷方式。

8. 搜索文件或文件夹

（1）在 D 盘查找扩展名为 . txt 的所有文件，并统计文件个数。

【提示】

打开 D 盘，在搜索栏内输入"＊. txt"。"＊"表示任意多个字符。"?"表示任意一个字符。

（2）在 D 盘查找今天修改过的文件或文件夹。

【提示】

光标定位到搜索栏，在"搜索工具－搜索"选项卡→"优化"组→"修改日期"下拉列表中选择修改日期。

（3）在 D 盘查找文件小于 10 KB 的文件。

9. 查看磁盘信息并记录

（1）当前计算机有＿＿＿个硬盘驱动器，编号分别为＿＿＿＿＿＿＿，容量大小分别为＿＿＿＿＿＿。

（2）当前计算机除了安装硬盘驱动器以外，还安装的驱动器有＿＿＿＿＿＿、＿＿＿＿＿＿和＿＿＿＿＿＿。

（3）根据第一个硬盘驱动器记录信息，填入表1–1。

表1–1　硬盘驱动器信息

存储器		盘符	文件系统类型	容量
磁盘0	主分区1			
	主分区2			
	主分区3			
	扩展分区			
CD – ROM				

【提示】

打开"控制面板"窗口，选择"管理工具"，然后在"计算机管理"对话框中选择"磁盘管理"分类。

（4）格式化U盘。先将自己U盘的所有文件和文件夹复制到硬盘，然后对U盘进行格式化，以自己的姓名为卷标号，最后将文件和文件夹从硬盘复制到U盘。

（5）磁盘碎片整理。对C盘进行磁盘碎片整理，并将整理频率设置为每周一次。

【提示】

在"开始"菜单中选择"Windows管理工具"→"碎片整理和优化驱动器"。

（6）磁盘清理。对C盘进行磁盘清理，并记录以下信息。

①已下载的程序文件：＿＿＿＿＿＿＿＿＿＿＿。

②Internet临时文件：＿＿＿＿＿＿＿＿＿＿＿。

③回收站：＿＿＿＿＿＿＿＿＿＿＿。

④传递优化文件：＿＿＿＿＿＿＿＿＿＿＿。

【提示】

在"开始"菜单中选择"Windows管理工具"→"磁盘清理"。

10. 打开设备管理器，并记录以下信息

（1）DVD/CD – ROM 驱动器型号：_____。

（2）处理器型号：_____；主频：_____。

（3）网络适配器型号：_____。

（4）显示适配器型号：_____。

（5）当前是否有设备存在问题：_____。

第 2 章

文字处理软件 Word 2010 操作实验

实验一 文档的基本操作和排版

一、实验目的

(1) 熟悉 Word 2010 工作界面。

(2) 掌握 Word 2010 文档的建立、保存、关闭和打开等操作。

(3) 掌握字符排版，包括设置字体、字号、字形、文本效果，以及查找与替换等操作。

(4) 掌握段落排版，包括设置字符间距、行间距、边框和底纹、项目符号等操作。

(5) 掌握页面排版，包括设置页边距、分栏、页面背景等操作。

二、实验步骤

1. 熟悉界面

打开 Word 2010 工作界面，熟悉各选项卡及其对应功能区的命令按钮，如图 2 - 1 所示。

2. 打开文档

打开实验素材文档"Word 实验一 . docx"，排版示例如图 2 - 2 所示。

3. 正文设置

将正文中文字体设置为"楷体"，英文字体设置为"Times New Roman"，字号设置为"小四"，设置首行缩进 2 字符，段前、段后的间距为 0.5 行，行距为 1.5 倍。

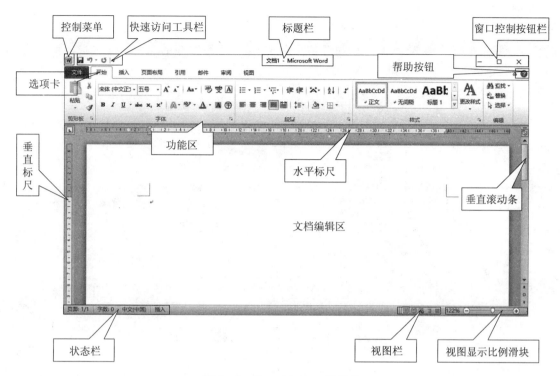

图 2-1　Word 2010 工作界面

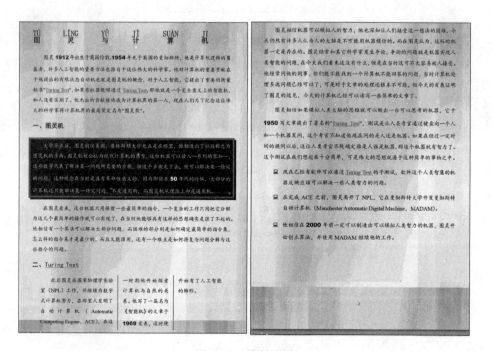

图 2-2　排版示例

【提示】

1. 在"开始"选项卡中，单击"字体"组右下角的"字体"启动按钮，打开"字体"对话框进行设置，如图2－3所示。

图2－3 "字体"对话框

2. 在"开始"选项卡中，单击"段落"组右下角的"段落"启动按钮，打开"段落"对话框进行设置，如图2－4所示。

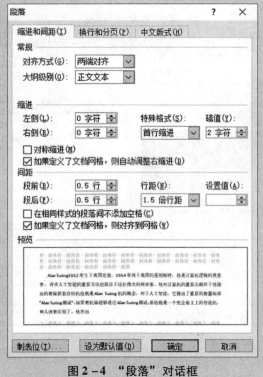

图2－4 "段落"对话框

4. 标题设置

（1）为正文添加标题"图灵与计算机"，并应用"标题"样式，对齐方式为"分散对齐"，文本效果的效果设置为"渐变填充紫色，强调文字颜色4，映像"。

（2）为标题添加拼音标注，大小为18磅，如图2-5所示。

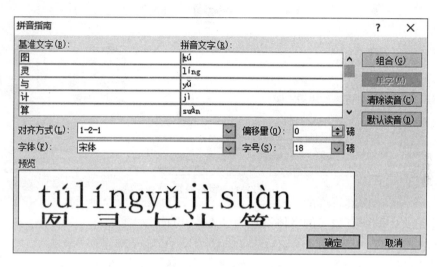

图2-5 "拼音指南"对话框

【提示】

> 在"开始"选项卡的"字体"组中，单击"拼音指南"按钮进行设置。

（3）将各小标题设置为"黑体""三号""加粗"。

5. 查找与替换

（1）将正文中的"图灵测试"替换为"Turing Test"，将其设置为红色字体，并加红色下划线。

【提示】

> 在"开始"选项卡的"编辑"组中，单击"替换"按钮，在"查找和替换"对话框中选择"替换"选项卡，在"查找内容"文本框中输入"图灵测试"，在"替换为"文本框中输入"Turing Test"，如图2-6所示。单击"更多"→"格式"→"字体"命令，在弹出的对话框中设置"红色"字体和下划线。

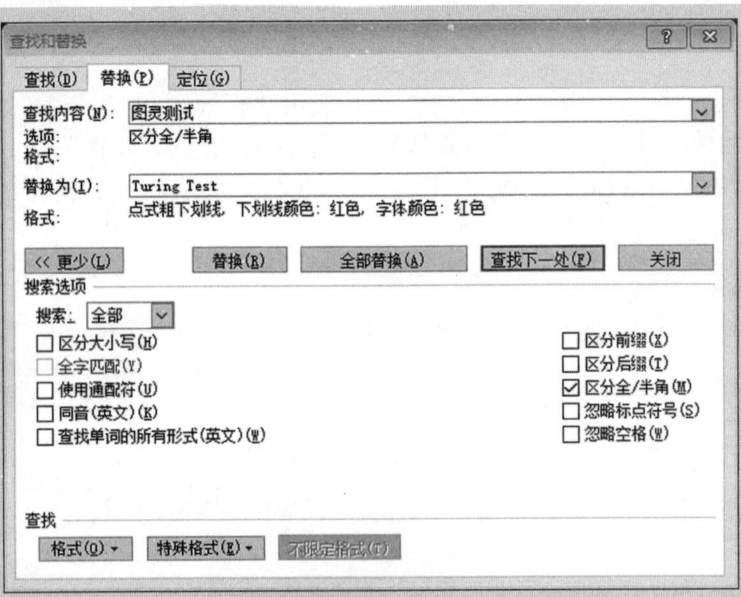

图 2-6　字符替换

（2）将正文中的所有数字的字体设置为"Arial Black"。

【提示】

在"查找和替换"对话框中选择"替换"选项卡，将插入点定位到"查找内容"文本框，单击"更多"→"特殊格式"→"任意数字"命令，此时"查找内容"文本框中将显示"^#"，"更多"按钮变成"更少"按钮，如图 2-7 所示。然后，将插入点定位到"替换为"文本框，单击"格式"→"字体"命令，在对话框中将西文字体设置为"Arial Black"。

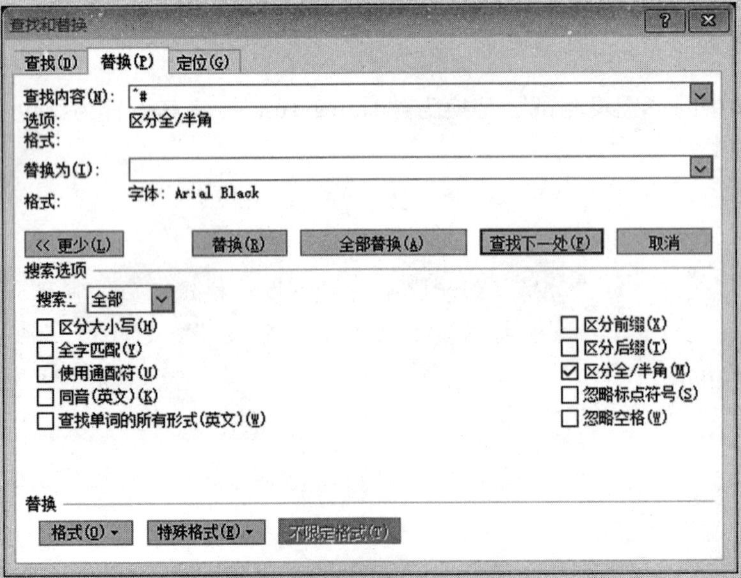

图 2-7　特殊格式替换

6. 边框和底纹

为第二段正文添加红色、宽度为3.0磅的阴影边框，并填充"蓝色"，图案样式设置为5%，颜色为紫色。

【提示】

在"开始"选项卡的"段落"组中，单击"下框线"下拉按钮，在下拉列表中选择"边框和底纹"，在弹出的"边框和底纹"对话框中分别选择"边框"和"底纹"选项卡进行设置，如图2−8、图2−9所示。

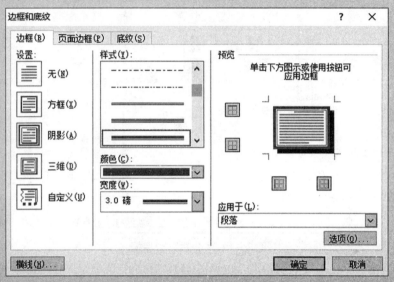

图2−8　边框设置

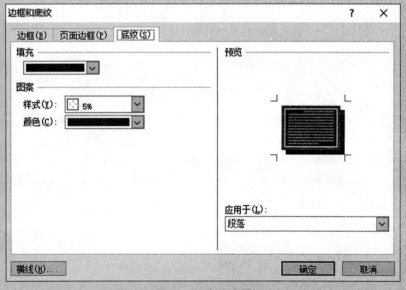

图2−9　底纹设置

7. 分栏

将第四段内容分为三栏并加分隔线，第 1 栏和第 2 栏宽度分别设置为"16 字符""10 字符"，间距为"2 字符"。

【提示】

在"页面布局"选项卡的"页面设置"组中，单击"分栏"下拉按钮→"更多分栏"命令，在弹出的"分栏"对话框中进行设置，如图 2－10 所示。

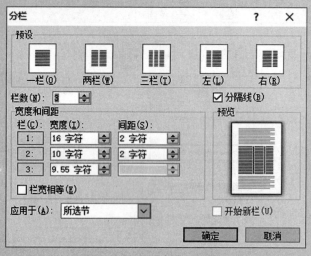

图 2－10 "分栏"对话框

8. 项目符号

为最后三段加上"🖳"项目符号。

【提示】

在"开始"选项卡的"段落"组中，单击"项目符号"下拉按钮→"定义新项目符号"命令，如图 2－11 所示。在"定义新项目符号"对话框中单击"符号"按钮，弹出图 2－12 所示的"符号"对话框。

图 2－11 项目符号库

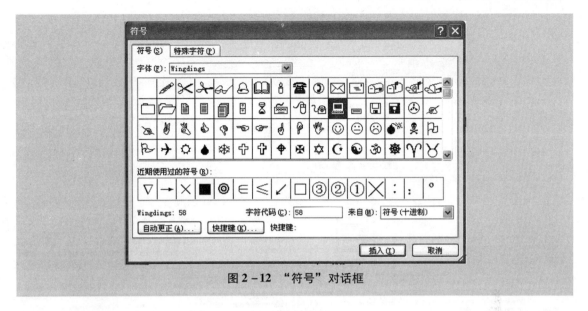

图 2-12 "符号"对话框

9. 页面设置

将页面纸张设置为 A4，纸张方向为纵向；将上、下、左、右页边距均设置为 2.5 厘米；将页眉、页脚距边界设置为 1.5 厘米。

【提示】

在"页面布局"选项卡的"页面设置"组中，单击"页面设置"按钮，打开"页面设置"对话框进行设置，如图 2-13、图 2-14 所示。

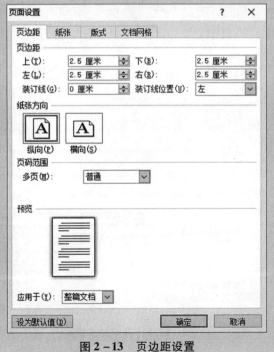

图 2-13 页边距设置

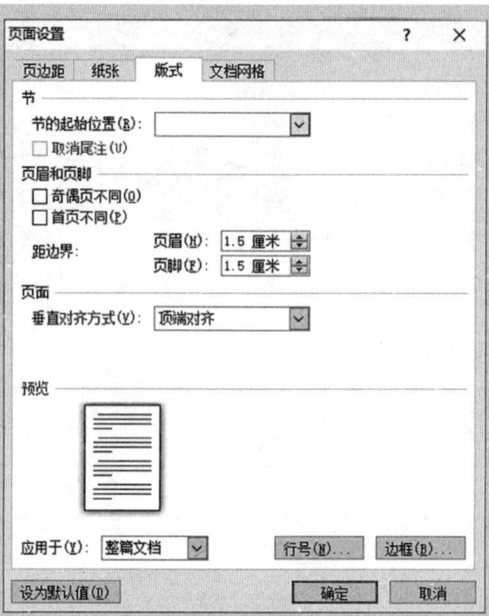

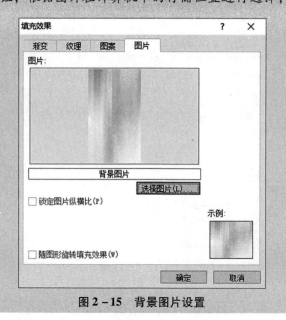

图2-14 页眉页脚距边界设置

10. 页面背景设置

将素材"背景图片"设置为页面的背景。

【提示】

在"页面布局"选项卡的"页面背景"组中，单击"页面颜色"下拉按钮，在下拉列表中选择"填充效果"命令，在打开的"填充效果"对话框中选择"图片"选项卡，单击"选择图片"按钮，根据图片在计算机中的存储位置进行选择，如图2-15所示。

图2-15 背景图片设置

11. 另存为

将排版完成的文档另存为"图灵与计算机.docx"。

实验二 文档中表格的使用

一、实验目的

（1）掌握表格的建立及内容的输入。
（2）掌握表格的编辑。
（3）掌握表格的格式化。

二、实验步骤

1. 文本转换为表格

将素材"Word实验二"中第1题的1～6行文本转换为4列6行的表格，应用"浅色底纹－强调文字颜色5"表格样式。

【提示】

1. 选中需要转换为表格的文本，在"插入"选项卡的"表格"组中，单击"表格"下拉按钮，在下拉列表中选择"文本转换成表格"命令，弹出图2－16所示的对话框，即可进行设置。

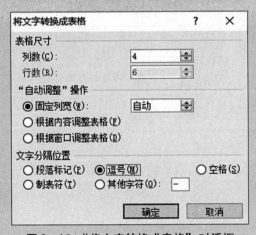

图2－16 "将文字转换成表格"对话框

2. 选中表格，在"表格工具－设计"选项卡的"表格样式"组中，单击"其他"按钮，设置"浅色底纹－强调文字颜色5"内置表格样式，效果如图2－17所示。

产品名称	1 月销量	2 月销量	3 月销量
戴尔	149	211	177
华硕	218	221	287
苹果	272	232	189
ThinkPad	134	241	193
三星	243	219	198

图 2-17　应用表格样式后

2. 保存表格

将转换后的表格保存为"表格"部件，并将其命名为"销量统计"。

【提示】

　　选中表格，在"插入"选项卡的"文本"组中，单击"文档部件"下拉按钮，然后在下拉列表中选择"将所选内容保存到文档部件库"，弹出"新建构建基块"对话框，如图 2-18 所示。

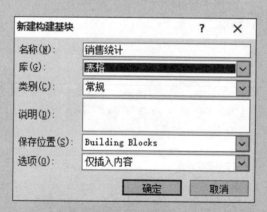

图 2-18　"新建构建基块"对话框

3. 重复标题行

设置标题行自动出现在每个页面的表格上方。

【提示】

　　选中标题行，在"表格工具-布局"选项卡的"数据"组中，单击"重复标题行"按钮，如图 2-19 所示。

图2－19　重复标题行

4. 表格转换为文本

将素材"Word实验二"中第2题中的表格转换为文本。

【提示】

选中表格，在"表格工具－布局"选项卡的"数据"组中，单击"转换为文本"按钮，在图2－20所示的"表示转换成文本"对话框中选择所需的文字分隔符，单击"确定"按钮。转换后的效果如图2－21所示。

图2－20　"表格转换成文本"对话框

班级	学号	姓名	性别	籍贯	政治面貌
工商管理	20130121001	王小明	男	湖南	党员
会计	20130121003	李雨	男	广东	党员
财务管理	20130121004	王欣	女	广西	团员
英语	20130121005	刘涵	男	云南	党员
计算机	20130121006	赵亮	女	贵州	团员

图2－21　文本

5. 表格计算

参考图2－22所示的成绩表，建立该成绩表并计算每位学生的总分，为最高分填充红色，最低分填充绿色，并按"计算机"分数进行升序排列，插入打印日期并自动更新。

学生成绩表

班级：   打印日期：2018/7/23

分数 / 科目 / 姓名	数学	语文	英语	计算机	总分
吴凯	80	86	90	78	334
刘帆	83	88	91	80	342
李慧	72	86	75	89	322
王若冰	68	79	86	81	314
杨颖	78	87	90	65	320
宋莎莎	85	90	88	82	345

图 2-22　成绩表示例

【提示】

该表格是一个不规则表格，可通过以下步骤实现。

1. 在"插入"选项卡的"表格"组中，单击"表格"下拉按钮，在下拉列表中选择"插入表格"命令，在对话框中输入"6"列"7"行。

2. 调整第 1 行的行高和第 1 列的列宽。

3. 制作斜线表头。在"插入"选项卡的"插图"组中，单击"形状"下拉按钮，在下拉列表中选择"直线"绘制斜线。选择"文本框"绘制 3 个文本框，在文本框内分别输入"姓名""分数"和"科目"，并移动到合适位置；在"绘图工具-格式"选项卡的"形状样式"组中，将"形状填充"设置为"无颜色"，"形状轮廓"设置为"无轮廓"。

4. 计算"吴凯"的总分。将插入点定位到"总分"下一行单元格，在"表格工具"-布局"选项卡的"数据"组中，单击"公式"按钮，在弹出的"公式"对话框中的"公式"文本框中输入" = SUM(LEFT)"，如图 2-23 所示。用同样的方法计算其他学生的总分。

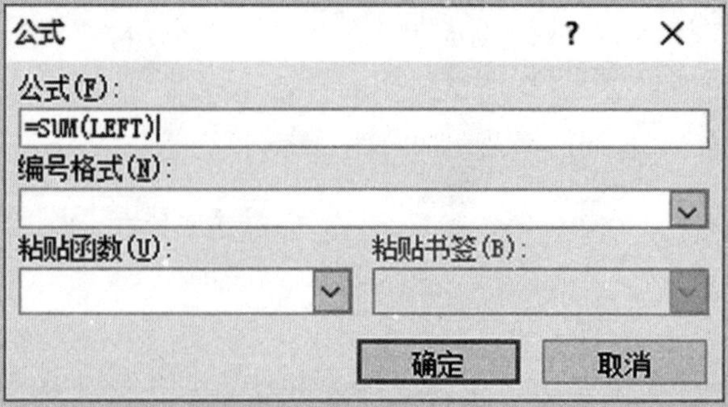

图 2-23　用公式计算总分

5. 排序。将插入点定位到表格中任意单元格内，在"表格工具－布局"选项卡的"数据"组中，单击"排序"按钮，在弹出的"排序"对话框中进行设置，如图2－24所示。

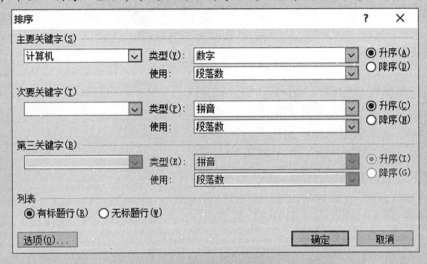

图2－24 "排序"对话框

6. 边框和底纹。设置边框时，将插入点定位到表格中任意单元格内，在"表格工具－设计"选项卡的"表格样式"组中，单击"下框线"下拉按钮，在下拉列表中选择"边框和底纹"，在弹出的"边框和底纹"对话框中选择"边框"选项卡进行设置。设置底纹时，分别选中最高分和最低分所在行，在"边框和底纹"对话框的"底纹"选项卡中进行设置。

7. 插入日期并自动更新。在"插入"选项卡的"文本"组中，单击"日期和时间"按钮，在"日期和时间"对话框的"语言（国家/地区）"选项列表中选择"中文（中国）"，然后选中"自动更新"复选框，并选择相应的"可用格式"，如图2－25所示。

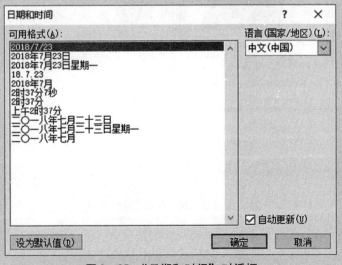

图2－25 "日期和时间"对话框

实验三 文档的美化

一、实验目的

（1）熟练掌握图片的插入、编辑和格式化方法。
（2）掌握艺术字的使用方法。
（3）掌握绘制简单图形和格式化的方法。
（4）掌握公式编辑的方法。
（5）掌握绘制流程图的方法。

二、实验步骤

打开实验素材"Word 实验三"，排版示例如图 2 – 26 所示。

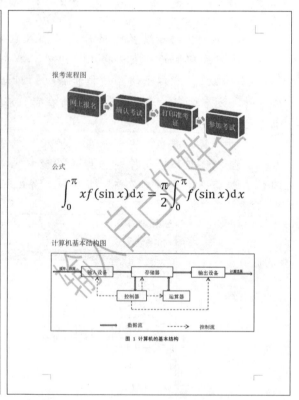

图 2 – 26 排版示例

1. 插入艺术字

在标题处插入艺术字。

【提示】

1. 将光标定位到小标题上方的空行，在"插入"选项卡的"文本"组中，单击"艺术字"下拉按钮，选择"填充－无，轮廓－强调颜色文字2"。

2. 在"绘图工具－格式"选项卡的"排列"组中，单击"位置"下拉按钮，在下拉列表中选择"嵌入到文本行中"，并输入标题"计算机操作系统"。

3. 在"绘图工具－格式"选项卡的"艺术字样式"组中，单击"文本效果"下列按钮，在下拉列表中选择"转换"→"右牛角形"。

4. 选中"计算机操作系统"，在"开始"选项卡的"段落"组中，单击"分散对齐"按钮。

5. 在"绘图工具－格式"选项卡的"艺术字样式"组中，单击"文本效果"下拉按钮，在下拉列表中选择"发光"→"红色，8 pt发光，强调文字颜色2"。

2、字体、段落格式设置

（1）将文中的小标题"1. 操作系统概述"和"2. Windows 10简介"设置为"标题3"样式。

（2）将正文字体设置为"宋体""五号"。

（3）将正文段落设置为首行缩进2字符，1.5倍行距。

3. 插入图片

（1）将"Windows 10. jpg"插入文档。

【提示】

1. 将光标定位到文档合适位置，在"插入"选项卡的"插图"组中，单击"图片"按钮，在弹出的"插入图片"对话框中，选择图片所在的文件路径，将"Windows 10. jpg"插入文档。

2. 选中图片，通过图片的控制点来调整其大小。

3. 在"图片工具－格式"选项卡的"排列"组中，单击"自动换行"下拉按钮，在下拉列表中选择"四周型环绕"。

4. 在"图片工具－格式"选项卡的"图片样式"组中，单击"其他"按钮，选择"映像右透视"。

（2）将"笔记本计算机. jpg"插入文档。

【提示】

1. 将光标定位到文档合适位置，在"插入"选项卡的"插图"组中，单击"图片"按钮，在弹出的"插入图片"对话框中，选择图片所在的文件路径，将"笔记本计算机. jpg"插入文档。

2. 删除背景。选中图片，在"图片工具－格式"选项卡的"调整"组中，单击"删除背景"按钮，通过调整控制点来删除背景，如图2－27所示。然后，单击"关闭"组中的"保留更改"按钮，或按〈Enter〉键。

图 2-27　删除背景

3. 裁剪图片。选中图片，在"图片工具-格式"选项卡的"大小"组中，单击"裁剪"按钮，调整控制点对图片进行裁剪，如图 2-28 所示。

图 2-28　裁剪图片

4. 在"图片工具-格式"选项卡的"排列"组中，单击"自动换行"下拉按钮，在下拉列表中选择"紧密型环绕"。

4. 首字下沉

将第 2 段首字下沉 3 行。

【提示】

将光标定位到第 2 段任意位置，在"插入"选项卡的"文本"组中，单击"首字下沉"下拉按钮，在下拉列表中选择"首字下沉选项"，弹出图 2-29 所示的对话框，即可进行设置。

图 2-29 首字下沉

5. 脚注

添加脚注。

【提示】

　　将光标定位到第2段"微软公司"后，在"引用"选项卡的"脚注"组中，单击"插入脚注"按钮，在文档中出现的脚注文本框中输入脚注内容。

6. 选择性粘贴

　　将"Word 实验销售情况 . xlsx"内容复制到文档中，要求 Word 文档中的内容随 Excel 文件中的内容变化而变化（即同步更新），并为表格添加表注。

【提示】

　　1. 打开"Word 实验三销售情况 . xlsx"，复制表格内容。
　　2. 返回 Word 文档，将光标定位到第2段文字下方，在"开始"选项卡的"剪贴板"组中，单击"粘贴"下拉按钮→"选择性粘贴"，在弹出的"选择性粘贴"对话框中选择"粘贴链接"→"Microsoft Excel 工作表 对象"，如图 2-30 所示。

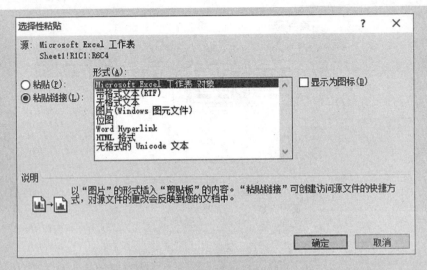

图 2-30 "选择性粘贴"对话框

3. 添加表注。在"引用"选项卡的"题注"组中，单击"插入题注"按钮，在弹出的"题注"对话框中单击"新建标签"按钮，如图 2-31（a）所示，弹出图 2-31（b）所示的"新建标签"对话框，在"标签"下方的文本框中输入"表"，单击"确定"按钮。然后在"题注"对话框中单击"编号"按钮，在弹出的"题注编号"对话框中，格式选择"1，2，3…"，单击"确定"按钮，如图 2-31（c）所示。最后在文档表格上方"表1"后面输入"Windows 10 销售情况表"。

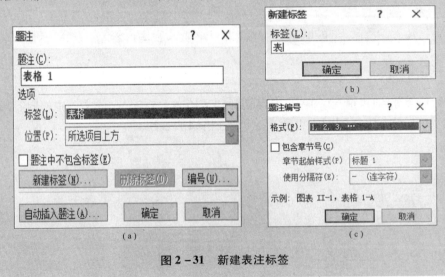

图 2-31 新建表注标签

7. 插入 SmartArt 图形

参考图 2-26，插入流程图。

【提示】

> 1. 在"插入"选项卡的"插图"组中，单击"SmartArt"按钮，在弹出的"选择SmartArt"对话框中选择"流程"→"基本流程"，输入文字。
>
> 2. 默认情况下只有三个文本框，可选中 SmartArt 图形，单击左侧箭头，按〈Enter〉键可增加文本框。
>
> 3. 在"SmartArt 工具－设计"选项卡的"SmartArt 样式"组中，单击"其他"按钮，选择"砖块场景"。

8. 插入公式

插入图 2－26 中所示的公式。

【提示】

> 1. 在"插入"选项卡的"符号"组中，单击"公式"按钮，在下拉列表中选择"插入新公式"。
>
> 2. 公式是由不同结构构成的，如上下分式结构、根式结构、积分结构，根据公式相应的组成结构和符号，在"公式－设计"选项卡的"结构"组与"符号"组中，选择相应的内容输入即可。

9. 插入图形

绘制图 2－26 所示的图形，将其组合，并添加图注。

【提示】

1. 在"插入"选项卡的"插图"组中，单击"形状"下拉按钮，在下拉列表中选择相应的图形进行绘制。

2. 组合。在"开始"选项卡的"编辑"组中，单击"选择"下拉按钮，在下拉列表中选择"选择窗格"命令，在此窗格中会显示本页所有绘制的图形，如图 2－32 所示。选择所有图形后，右击，在弹出的快捷菜单中选择"组合"命令。

3. 添加图注。在"引用"选项卡的"题注"组中，单击"插入题注"按钮，在弹出的"题注"对话框中单击"新建标签"按钮，在"标签"下方的文本框中输入"图"，单击"确定"按钮，如图 2－33 所示。然后，在"题注"对话框中单击"编号"按钮，在弹出的"题注编号"对话框中，"格式"选择"1，2，3，…"，单击"确定"按钮。最后，在绘制图形下方"图 1"后面输入"计算机的基本结构"，并将"对齐方式"设置为"居中"。

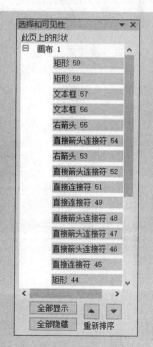

图 2－32　选择窗格

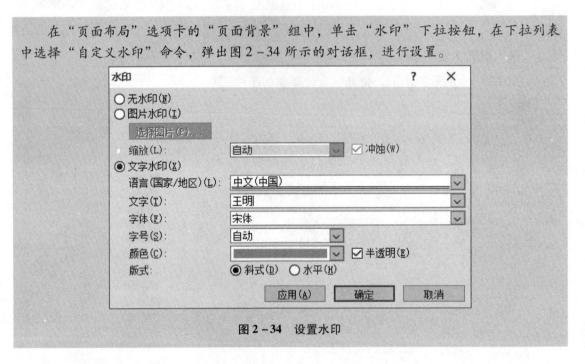

图2-33 新建图注标签

10. 设置水印

将自己的姓名设为文档的水印。

【提示】

在"页面布局"选项卡的"页面背景"组中，单击"水印"下拉按钮，在下拉列表中选择"自定义水印"命令，弹出图2-34所示的对话框，进行设置。

图2-34 设置水印

实验四　综合应用

一、实验目的

（1）掌握利用邮件合并功能，批量生成邀请函。

（2）掌握标题样式的设置、目录的生成。

（3）掌握添加页眉、页脚和页码的步骤。

二、实验步骤

1. 邮件合并

利用邮件合并功能生成邀请函。主文档为"Word 实验四邀请函 .docx"，邀请人员信息在"Word 实验四参会者 .xlsx"文件中，要求将姓名信息自动填写在邀请函主文档的文字"尊敬的："后面。若性别为"男"，则在姓名后添加"（先生）"；否则，添加"（女士）"。然后，将生成的邀请函保存为"邀请函 .docx"。

【提示】

1. 打开"Word 实验四邀请函 .docx"主文档，在"邮件"选项卡的"开始邮件合并"组中，单击"开始邮件合并"下拉按钮，在下拉列表中选择"邮件合并分步向导"，弹出"邮件合并"对话框。

2. 邮件合并分步向导共包含6步，第1步、第2步保持默认设置。

3. 分步向导第3步。单击"浏览"，打开"选取数据源"对话框，根据相应的路径，选择"Word 实验四参会者 .xlsx"。在"选择表格"对话框中选择"参会者"工作表，单击"确定"按钮，如图 2－35 所示。因不需要对数据源进行排序、筛选，所以在弹出的"邮件合并收件人"对话框中单击"确定"按钮。然后，在"邮件合并"对话框中单击"下一步：撰写信函"，进入第4步。

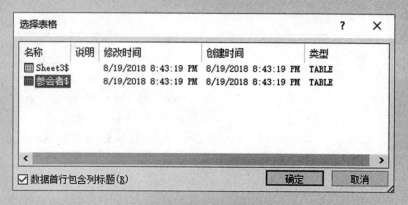

图 2－35　选择数据源

4. 分步向导第4步。将光标定位到"尊敬的："后面，单击"其他项目"，在弹出的"插入合并域"对话框中，选择"姓名"，并单击"确定"按钮，如图 2－36 所示。

图 2 - 36 插入"姓名"域

5. 将光标定位到"《姓名》"后面，在"邮件"选项卡的"编写和插入域"组中，单击"规则"下拉按钮，在下拉列表中选择"如果…那么…否则"，弹出图 2 - 37 所示的对话框，然后进行设置。

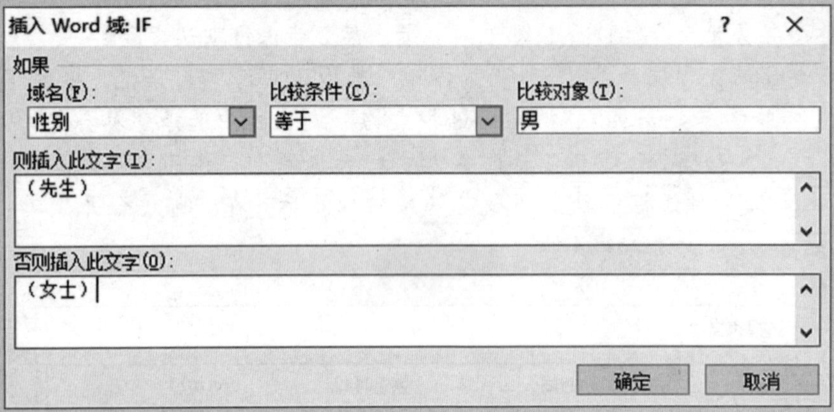

图 2 - 37 规则设置

6. 分布向导第 5 步。按默认设置。

7. 分布向导第 6 步。在"合并"组中选择"编辑单个文档"，在弹出的"合并到新文档"对话框中选中"全部"单选框，单击"确定"按钮，即生成 14 页，名为"信函 1"的邀请函。

8. 在"信函 1"文档中，依次单击"文件"→"另存为"，选择保存位置，输入"邀请函 . docx"。

2. 长文档编辑

对"Word 实验四文章"进行排版。

（1）页面大小为 A4 纸，上、下页边距均为 2.54 厘米，左、右页边距均为 3.18 厘米，页眉、页脚均为 1.5 厘米。

【提示】

在"页面设置"对话框中进行设置。

（2）设置样式。

说明：在该文档中，红色字体为一级标题，蓝色字体为二级标题，绿色字体为三级标题。

设置要求如下：

一级标题：黑体，加粗，小三，段前、段后0.5行，单倍行距，与下段同页，自动更新。

二级标题：黑体，加粗，四号，段前、段后0.5行，单倍行距，与下段同页，自动更新。

三级标题：黑体，加粗，小四，段前、段后0.5行，单倍行距，与下段同页，自动更新。

文章正文：宋体，小四，段前、段后0.5行，1.5倍行距，首行缩进2字符，自动更新。

【提示】

1. 设置一级标题。选中第1页中的红色字体，在"开始"选项卡的"编辑"组中，单击"选择"下拉按钮，在下拉列表中选择"选择格式相似的文本"，即可将该文档中的所有红色字体选中。

2. 在"开始"选项卡的"样式"组中，单击右下角的"样式"启动按钮，打开"样式"窗格，单击"标题1"样式，然后右键单击"标题1"，在弹出的快捷菜单中选择"修改"，如图2-38所示。

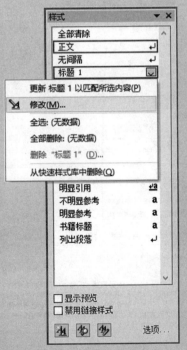

图2-38 样式任务窗格

3. 在弹出的"修改样式"对话框中，将字体设置为"黑体""小三号""加粗"。单击"格式"→"段落"命令，设置"段前""段后"均为0.5行、"行距"为单倍行距，如图2-39所示。

图 2－39　修改样式

4. 使用相同的方法设置二级标题和三级标题。

5. 在"样式"窗格中，单击"新建样式"按钮，打开"根据格式设置创建新样式"对话框，在"名称"文本框中输入"文章正文"。单击"格式"→"段落"命令，设置"首行缩进"为 2 字符，"段前""段后"均为 0.5 行、"行距"为 1.5 倍行距，如图 2－40 所示。

图 2－40　新建"文章正文"样式

6. 选中正文第1段，在"开始"选项卡的"编辑"组中，单击"选择"下拉按钮，在下拉列表中选择"选择格式相似的文本"，应用"文章正文"样式。

（3）设置多级列表，为各级标题添加自动编号。

【提示】

1. 在"开始"选项卡的"段落"组中，单击"多级列表"下拉按钮，在下拉列表中选择"定义新的多级列表"。

2. 在"定义新多级列表"对话框中，单击"更多"按钮（单击后，该按钮变成"更少"按钮）。在"单击要修改的级别"下选择"1"，在"将级别链接到样式"下拉列表中选择"标题1"。在"输入编号的格式"文本框中的数字"1"前输入"第"字，在数字"1"后输入"章"字。将"对齐位置"设置为"0"厘米，在"编号之后"下拉列表中选择"空格"。如图2-41所示。

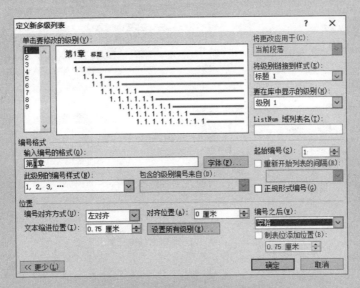

图2-41 设置多级列表

3. 在"单击要修改的级别"下选择"2"，在"将级别链接到样式"下拉列表中选择"标题2"。"输入编号的格式"文本框中的数字默认设置"1.1"不变。将"对齐位置"设置为"0"厘米，在"编号之后"下拉列表中选择"空格"。

4. 在"单击要修改的级别"下选择"3"，在"将级别链接到样式"下拉列表中选择"标题3"。"输入编号的格式"文本框中的数字默认设置"1.1.1"不变。将"对齐位置"设置为"0"厘米，在"编号之后"下拉列表中选择"空格"。

多级列表设置完成之后，可在"视图"选项卡的"显示"组中，选中"导航窗格"前的复选框，即可显示连续编号的标题，如图2-42所示。

图 2 - 42　连续编号标题

（4）插入分节符。

【提示】

1. 将光标定位到"第 1 章　Office 2010 办公软件"前面，然后在"页面布局"选项卡的"页面设置"组中，单击"分隔符"下拉按钮，在下拉列表中选择"下一页"，如图 2 - 43 所示。

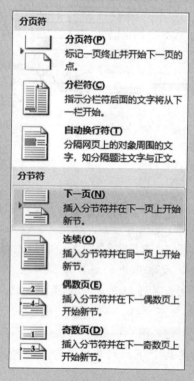

图 2 - 43　插入分节符

2. 在"视图"选项卡的"文档视图"组中，单击"大纲视图"按钮，即可查看"分节符"是否插入成功，如图2-44所示。

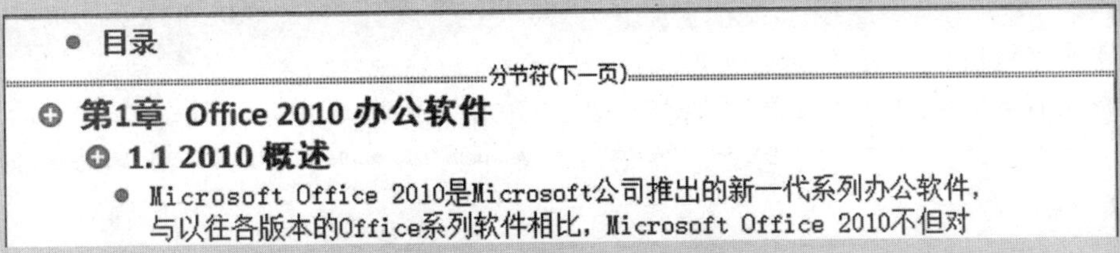

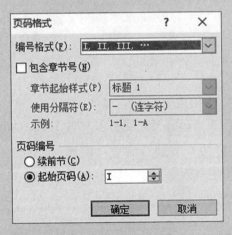

● 目录
·······分节符(下一页)·······
⊕ 第1章 Office 2010 办公软件
  ⊕ 1.1 2010 概述
    ● Microsoft Office 2010是Microsoft公司推出的新一代系列办公软件，与以往各版本的Office系列软件相比，Microsoft Office 2010不但对

图2-44 查看分节符

（5）为目录页设置页眉、页脚。目录页的页眉为"目录"，目录页的页脚设置页码，为罗马大写数字"Ⅰ、Ⅱ、Ⅲ、…"。

【提示】

1. 在"插入"选项卡的"页眉和页脚"组中，单击"页眉"下拉按钮，在下拉列表中选择"编辑页眉"。

2. 在"页眉和页脚工具－设计"选项卡的"选项"组中，选中"奇偶页不同"复选框。

3. 在目录页的页眉输入"目录"，然后单击"转至页脚"按钮。

4. 在"页眉和页脚工具－设计"选项卡的"页眉和页脚"组中，单击"页码"下拉按钮，在下拉列表中选择"设置页码格式"，弹出图2-45所示的对话框，即可进行相关设置。

图2-45 目录页码设置

5. 在"页眉和页脚工具－设计"选项卡的"页眉和页脚"组中，单击"页码"下拉按钮，在下拉列表中选择"页面底端"→"普通数字2"，然后关闭页眉页脚。

（6）为文章设置页眉、页脚。奇数页页眉设置为"大学计算机基础"，偶数页页眉设置为章标题"第1章　Office 2010办公软件"。在页脚的居中位置插入页码，页码字号设置为"小四"。

【提示】

1. 在"插入"选项卡的"页眉和页脚"组中，单击"页脚"按钮，在下拉列表中选择"编辑页脚"。

2. 将光标定位到文章第1页页脚处，在"页眉和页脚工具－设计"选项卡的"页眉和页脚"组中，单击"页码"按钮，在下拉列表中选择"设置页码格式"，按图2－46所示进行设置。

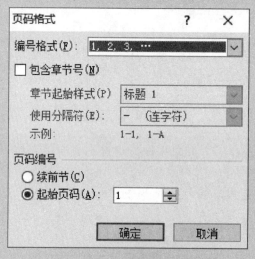

图2－46　文章页码设置

3. 在"页眉和页脚工具－设计"选项卡的"页眉和页脚"组中，单击"页码"按钮，在下拉列表中选择"页面底端"→"普通数字2"，并在第2页再一次执行本操作即可。

4. 将光标定位到文章第1页的页眉处，在"页眉和页脚工具－设计"选项卡的"导航"组中取消"链接到前一条页眉"（即该按钮没有黄颜色底色），并删除第1页页眉处的"目录"二字，输入"大学计算机基础"。

5. 将光标定位到文章第2页的页眉处，输入"第1章　Office 2010 办公软件"。

（7）为图插入图注，图号按章节进行编号（例如，"图1－1"表示第1章的第1幅图），将对齐方式设置为"居中对齐"。

【提示】

1. 在"引用"选项卡的"题注"组中，单击"插入题注"按钮。

2. 在"题注"对话框中，单击"新建标签"按钮，在弹出的对话框中输入"图"，如图2－47所示。

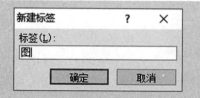

图2－47　新建图注标签

3. 在"题注"对话框中，单击"编号"按钮，弹出图2-48所示的对话框。在"格式"下拉列表中选择"1，2，3，…"，选中"包含章节号"复选框，将"章节起始样式"选择"标题1"。

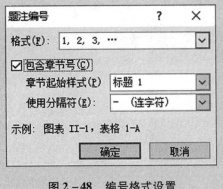

图2-48 编号格式设置

（8）为表格添加表注，表号按章节进行编号（例如，"表1-1"表示第1章的第1个表格），将"对齐方式"设置为"左对齐"。

【提示】

方法设置与图注相同。

（9）自动生成目录。

【提示】

将光标定位到目录下方，在"引用"选项卡的"目录"组中，单击"目录"下拉按钮，在下拉列表中选择"插入目录"，弹出图2-49所示的对话框。

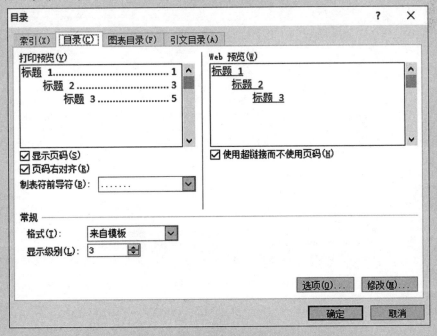

图2-49 "目录"对话框

排版示例如图 2 – 50 所示。

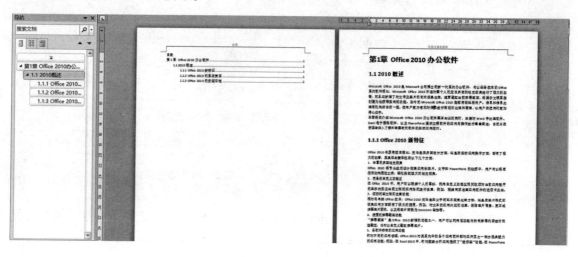

图 2 – 50　排版示例

第 3 章

<<<<<<

电子表格软件 Excel 2010 操作实验

实验一 电子表格的基本操作及计算

一、实验目的

（1）熟悉 Excel 2010 的软件工作界面。

（2）掌握 Excel 2010 工作簿的新建、保存、另存为、密码设置等操作。

（3）掌握 Excel 2010 工作表中数据的输入。

（4）掌握 Excel 2010 工作表的格式化。

（5）利用公式和函数进行计算。

二、实验步骤

1. 新建文件

新建工作簿，将工作簿命名为"Excel 实验一 . xlsx"，并将工作簿保存在桌面。

【提示】

1. 在计算机桌面单击右键，在弹出的快捷菜单中选择"新建"选项，在新建文件列表中选择"Microsoft Excel 工作表"。

2. 对新建的工作簿单击右键，在弹出的快捷菜单中选择"重命名"选项，将文件重命名为"Excel 实验一 . xlsx"。

2. 输入数据

在工作表 Sheet1 中输入图 3 - 1 所示的数据，并将工作表重命名为"员工销售额情况"，将标签颜色设置为"紫色"。

A		B	C	D	E
		员工销售额情况			
销售员编号		姓名	性别	地区	销售额（单位/万）
20180101		张彬斌			¥75.30
20180202		陆瑶			¥90.20
20180103		居凯			¥87.80
20180304		陈黎杰			¥95.60
20180105		邵丽			¥102.20
20180306		曾柯			¥78.70
20180207		白召平			¥93.50
20180208		王婧萍			¥80.80
20180109		薛沛薇			¥83.20

图 3-1　员工销售额情况

3. 工作表格式化

【提示】

1. 在数据表格的第 1 列前插入一列，列名为"序号"，使用填充功能将"序号"列进行填充，"填充"编号格式为"001、002…"（注意：以 0 开头）。

2. 将 A1:F1 单元格区域进行合并，并将大标题居中、字体加粗，字体为"黑体"，字号为"16"号。

3. 设置数据区域的字体为"黑体"，字号为"14"号，数据居中对齐。

4. 将"销售额"列设为"货币型"，保留 2 位小数。

5. 设置行高和列宽为"自动"，为数据区域设置边框，内边框为单线边框、外边框为双线边框，将数据区域的第 1 行（标题行）的底纹设置为黄色。

6. 将数据表区域设置为新的表格快速样式，样式名称设为"自定义样式 1"。

4. 数据有效性

请根据图 3-2 所示的示例文档，利用数据有效性设置"性别"列。

A	B	C	D	E	F
		员工销售额情况			
序号	销售员编号	姓名	性别	地区	销售额（单位/万）
001	20180101	张彬斌	男	北京	¥75.30
002	20180202	陆瑶	女	上海	¥90.20
003	20180103	居凯	男	北京	¥87.80
004	20180304	陈黎杰	男	广州	¥95.60
005	20180105	邵丽	女	北京	¥102.20
006	20180306	曾柯	男	广州	¥78.70
007	20180207	白召平	男	上海	¥93.50
008	20180208	王婧萍	女	上海	¥80.80
009	20180109	薛沛薇	女	北京	¥83.20
		女销售员人数：	4		

图 3-2　示例文档（一）

【提示】

1. 选中 D3:D11，在"数据"选项卡的"数据工具"组中单击"数据有效性"按钮。
2. 在下拉列表中选择"数据有效性"，弹出图 3-3 所示的对话框。
3. 在"设置"选项卡的"有效性条件"组中，在"允许"列表框中选择"序列"。
4. 在"来源"文本框中输入"男,女"（注意：请使用西文逗号）。

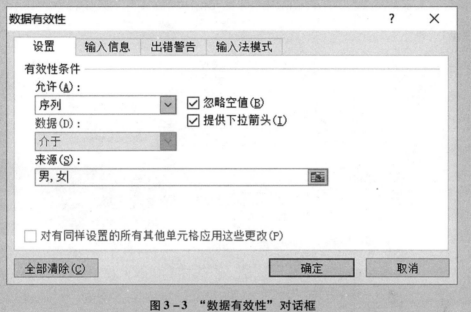

图 3-3 "数据有效性"对话框

5. 参考图 3-2，在数据表的下拉菜单中对性别值进行选择填写。

5. MID 函数计算

销售员编号中的第 5 位和第 6 位代表销售员的工作地区。其中，"01"代表北京，"02"代表上海，"03"代表广州。请用函数将"地区"列填写完整。

【提示】

使用 MID 和 IF 函数进行计算。
=IF(MID(B3,5,2)="01","北京",IF(MID(B3,5,2)="02","上海","广州"))

6. COUNTIF 函数计算

使用 COUNTIF 函数统计女销售员人数，填写于单元格 D13 中。

【提示】

> 使用 COUNTIF 函数进行计算。
> =COUNTIF(D3:D11,"女")

7. 条件格式

将销售额大于￥95.00 万的单元格以"绿填充色深绿色文本"突显。

【提示】

> 在"开始"选项卡的"样式"组中,单击"条件格式"下拉按钮,在下拉菜单中,选择"突出显示单元格规则"→"大于"选项,弹出图 3-4 所示的对话框,按要求设置即可。

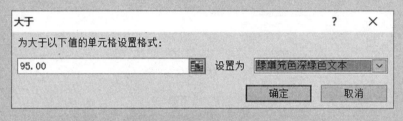

图 3-4 "条件格式"设置

8. 设置页眉、页脚

为工作表设置页眉,并在页眉右侧插入计算机系统的当前时间。

【提示】

> 1. 在"插入"选项卡的"文本"组中,单击"页眉和页脚"按钮,页面进入"页面布局"视图。
> 2. 在工作表中,页眉分为左、中、右,在此选择右侧页眉。
> 3. 在"页眉和页脚工具-设计"选项卡的"页眉和页脚元素"组中,单击"当前时间"命令按钮。
> 4. 在页眉出现"&[时间]"字样后,在"视图"按钮区,单击"普通视图"按钮。

9. 设置打印区域

参考图 3-5 所示的示例文档,设置数据表打印区域为"销售员编号"和"姓名"两列,在打印时打印"行号列标",设置打印顺序为先行后列。

12:24

	B	C
2	销售员编号	姓名
3	20180101	张彬斌
4	20180202	陆瑶
5	20180103	居凯
6	20180304	陈黎杰
7	20180105	邵丽
8	20180306	曾柯
9	20180207	白召平
10	20180208	王婧萍
11	20180109	薛沛薇

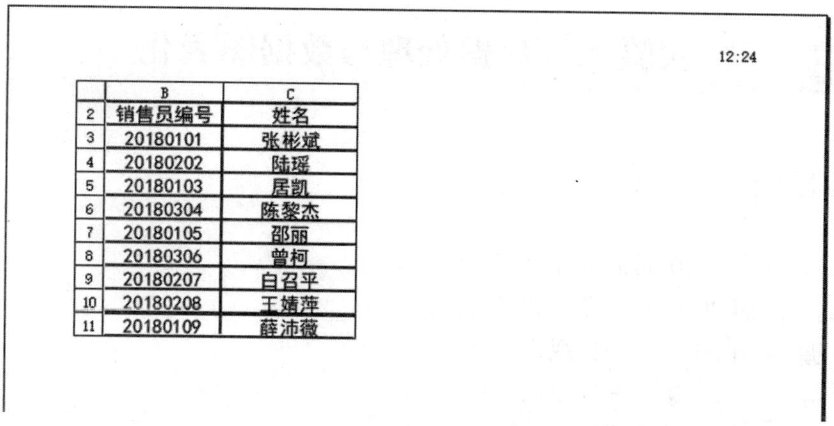

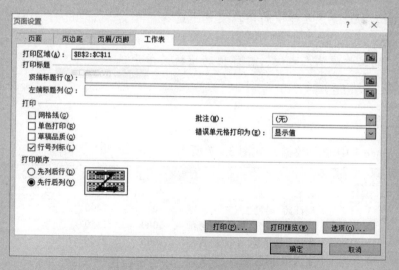

图 3－5　示例文档（二）

【提示】

1. 在“页面布局”选项卡，单击“页面设置”对话框启动按钮，弹出图 3－6 所示的对话框，选择“工作表”选项卡。

2. 在“打印区域”选择“销售员编号”和“姓名”两列单元格区域。

3. 在“打印”组中，选中“行号列标”复选框。

4. 在“打印顺序”组中选中“先行后列”单选框。

图 3－6　“页面设置”对话框

实验二 数据处理与数据图表化

一、实验目的

（1）掌握 Excel 2010 的筛选和排序。

（2）掌握 Excel 2010 的分类汇总的方法。

（3）掌握 Excel 2010 数据透视表的使用。

（4）掌握 Excel 2010 图表的使用方法。

（5）熟练使用函数对数据进行计算。

二、实验步骤

1. 新建文件

新建工作簿，将工作簿命名为"Excel 实验二.xlsx"，并将工作簿保存在桌面。

【提示】

1. 在桌面单击右键，在弹出的快捷菜单中选择"新建"选项，在新建文件列表中选择"Microsoft Excel 工作表"。

2. 对新建的工作簿单击右键，在弹出的快捷菜单中选择"重命名"选项，将文件重命名为"Excel 实验二.xlsx"。

2. 输入数据

在工作表 Sheet1 中输入数据，如图 3-7 所示。

	A	B	C	D	E	F	G
1	编号	姓名	学历	部门	基本工资	奖金	实发工资
2	1	周江涛	研究生	办公室	3000	1400	
3	2	魏巍	研究生	财务部	3000	1350	
4	3	章政	大专	广告部	2000	2500	
5	4	李雨鲲	研究生	业务部	3000	2600	
6	5	赵槐	本科	财务部	2500	1500	
7	6	朱黎源	本科	办公室	2500	1500	
8	7	杨昊	本科	广告部	2500	2800	
9	8	高奇	大专	办公室	2000	1600	
10	9	杨春富	研究生	财务部	3000	2000	
11	10	周忠	大专	广告部	2000	2700	
12	11	周雪秋	研究生	办公室	3000	1700	
13	12	尹军	大专	业务部	2000	2600	

图 3-7 输入数据

3. 格式设置

在第 1 行的上方增加一行，设置数据区域的标题为"员工工资表"，并为数据区域添加双线内外边框，将表格中的数据设置为"居中对齐"，将"基本工资""奖金""实发工资" 3 列单元格设为"货币型"。

4. SUM 函数计算

在"实发工资"列计算员工的实发工资（使用 SUM 函数）。

【提示】

1. 选中 G3 单元格，在"公式"选项卡的"函数库"组中，单击"插入函数"按钮，打开"插入函数"对话框，如图 3 - 8 所示。

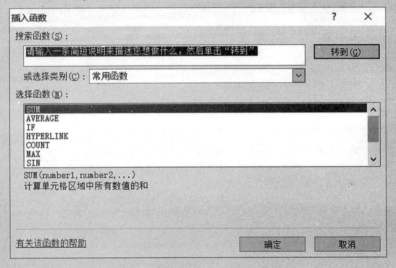

图 3 - 8　"插入函数"对话框

2. 在"选择函数"列表中选择 SUM 函数，单击"确定"按钮，弹出"函数参数"对话框，在对话框中输入参数，单击"确定"按钮。

5. SUMIF 函数计算

在单元格 A16 中输入"办公室奖金总额"，在单元格 B16 中计算"部门"为"办公室"的"奖金"总金额，并设置为"货币型"。

【提示】

使用 SUMIF 函数进行计算。
=SUMIF(D3:D14,"办公室",F3:F14)。

6. 排序

对员工工资表进行排序，将相同部门的同事排序在一起，在部门相同的情况下按照"研究生""本科""专科"的顺序进行排序，并对员工编号重新排序。

【提示】

1. 选中数据区域，在"数据"选项卡的"排序和筛选"组中，选择"排序"命令按钮，弹出"排序"对话框，在"主要关键字"文本列表中选择"部门"字段。

2. 在"次要关键字"文本列表中选择"学历"，在"次序"文本列表中选择"自定义序列"，如图3-9所示。

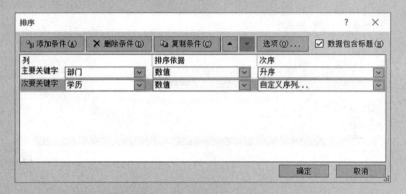

图3-9 "排序"对话框

3. 在弹出的"自定义序列"对话框中按照要求添加排序，单击"添加"按钮，然后单击"确定"按钮，如图3-10所示。

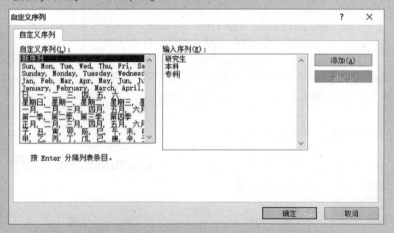

图3-10 "自定义序列"对话框

4. 对编号进行重新填充。

7. 筛选

使用高级筛选功能，将"本科生"的"姓名""学历""部门"放置于单元格 A18：C21 中。

【提示】

先在 I2：I3 单元格中输入高级筛选条件"学历""本科"，然后选中数据区域 B2：D14，在"数据"选项卡的"排序和筛选"组中单击"高级"命令按钮，在弹出的对话框中进行相关设置，如图 3 – 11 所示。筛选结果如图 3 – 12 所示。

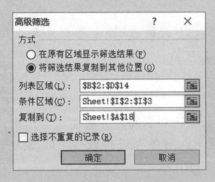

图 3 – 11 "高级筛选"对话框

	A	B	C	D	E	F	G	H	I
1			员工工资表						
2	编号	姓名	学历	部门	基本工资	奖金	实发工资		学历
3	1	周江涛	研究生	办公室	¥3,000.00	¥1,400.00	¥4,400.00		本科
4	2	周雪秋	研究生	办公室	¥3,000.00	¥1,700.00	¥4,700.00		
5	3	朱黎源	本科	办公室	¥2,500.00	¥1,500.00	¥4,000.00		
6	4	高奇	大专	办公室	¥2,000.00	¥1,600.00	¥3,600.00		
7	5	魏巍	研究生	财务部	¥3,000.00	¥1,350.00	¥4,350.00		
8	6	杨春富	研究生	财务部	¥3,000.00	¥2,000.00	¥5,000.00		
9	7	赵槐	本科	财务部	¥2,500.00	¥1,500.00	¥4,000.00		
10	8	杨昊	本科	广告部	¥2,500.00	¥2,800.00	¥5,300.00		
11	9	章政	大专	广告部	¥2,000.00	¥2,500.00	¥4,500.00		
12	10	周忠	大专	广告部	¥2,000.00	¥2,700.00	¥4,700.00		
13	11	李雨鲲	研究生	业务部	¥3,000.00	¥2,600.00	¥5,600.00		
14	12	尹军	大专	业务部	¥2,000.00	¥2,600.00	¥4,600.00		
15									
16	办公室奖金总额：	¥6,200.00							
17									
18	姓名	学历	部门						
19	朱黎源	本科	办公室						
20	赵槐	本科	财务部						
21	杨昊	本科	广告部						
22									

图 3 – 12 示例文档（一）

8. 工作表重命名

将工作表 Sheet1 中的数据区域 A1：G14 复制到工作表 Sheet2 中，并将工作表标签名称改为"分类汇总"。

9. 分类汇总

在"分类汇总"工作表中，利用分类汇总功能统计各部门的员工人数。

【提示】

> 在分类汇总前，需要对分类字段进行排序，否则分类汇总将无效（在之前的操作中，已经对"部门"字段进行了排序）。

10. 分级显示

选中数据区域，在"数据"选项卡的"分级显示"组中，单击"分类汇总"命令按钮，弹出"分类汇总"对话框，对各项进行设置，如图 3 - 13 所示。分类汇总结果如图 3 - 14 所示。

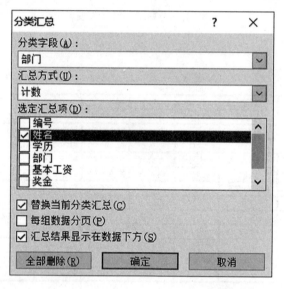

图 3 - 13 "分类汇总"对话框

11. 数据透视表

将工作表 Sheet1 的 K2 单元格作为首单元格，利用数据透视表来计算每个部门员工的"实发工资"总和，计算结果如图 3 - 15 所示，并为数据透视表添加图表。

	A	B	C	D	E	F	G	H
1				员工工资表				
2	编号	姓名	学历	部门	基本工资	奖金	实发工资	
3	1	周江涛	研究生	办公室	¥3,000.00	¥1,400.00	¥4,400.00	
4	2	周雪秋	研究生	办公室	¥3,000.00	¥1,700.00	¥4,700.00	
5	3	朱黎源	本科	办公室	¥2,500.00	¥1,500.00	¥4,000.00	
6	4	高奇	大专	办公室	¥2,000.00	¥1,600.00	¥3,600.00	
7		4		办公室 计数				
8	5	魏巍	研究生	财务部	¥3,000.00	¥1,350.00	¥4,350.00	
9	6	杨春富	研究生	财务部	¥3,000.00	¥2,000.00	¥5,000.00	
10	7	赵槐	本科	财务部	¥2,500.00	¥1,500.00	¥4,000.00	
11		3		财务部 计数				
12	8	杨昊	本科	广告部	¥2,500.00	¥2,800.00	¥5,300.00	
13	9	章政	大专	广告部	¥2,000.00	¥2,500.00	¥4,500.00	
14	10	周忠	大专	广告部	¥2,000.00	¥2,700.00	¥4,700.00	
15		3		广告部 计数				
16	11	李雨鲲	研究生	业务部	¥3,000.00	¥2,600.00	¥5,600.00	
17	12	尹军	大专	业务部	¥2,000.00	¥2,600.00	¥4,600.00	
18		2		业务部 计数				
19		12		总计数				

图 3-14 示例文档（二）

行标签	求和项:实发工资
办公室	16700
财务部	13350
广告部	14500
业务部	10200
总计	54750

图 3-15 数据透视结果

【提示】

在"插入"选项卡的"表格"组中，单击"数据透视表"按钮，在弹出的"创建数据透视表"对话框中进行设置。

12. 插入图表

为数据透视表添加柱形图图表，进行格式设置并移动图表，结果如图 3-16 所示。

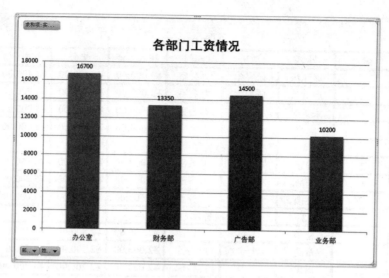

图 3 – 16   示例文档（三）

【提示】

1. 选中需要的数据区域，在"数据透视表工具 – 选项"选项卡的"工具"组中，单击"数据透视表"命令按钮，弹出"插入图表"对话框，在对话框中选择柱形图。

2. 修改图表的标题为"各部门工资情况"。

3. 将图表图例进行删除，并为各系列添加数据标签，将图表样式设置为"样式31"。

4. 移动图表到新的工作表，并将工作表标签名称重命名为"数据透视图"。

实验三   综合练习

一、实验目的

（1）熟练使用 Excel 2010 的格式化功能。

（2）熟练使用 Excel 2010 的函数功能。

（3）熟练使用 Excel 2010 的数据处理功能。

（4）熟练使用 Excel 2010 的图表功能。

二、实验步骤

1. 新建文件

新建工作簿，将工作簿命名为"Excel 实验三 . xlsx"，并将工作簿保存在桌面。

【提示】

1. 在计算机桌面单击右键，在弹出的快捷菜单中选择"新建"选项，在新建文件列表中选择"Microsoft Excel 工作表"。

2. 对新建的工作簿单击右键，在弹出的快捷菜单中选择"重命名"选项，将文件重命名为"Excel 实验三. xlsx"。

2. 输入数据

在"Excel 实验三. xlsx"的工作表 Sheet1 中输入数据，如图 3－17 所示。

	A	B
1	部门编号	部门
2	1001	办公室
3	1002	财务部
4	1003	广告部
5	1004	业务部

图 3－17　输入数据

3. 获取外部数据

在"Excel 实验三. xlsx"的工作表 Sheet2 中导入文件"Excel 实验三文本数据. txt"中数据。

【提示】

1. 在"数据"选项卡的"获取外部数据"组中，单击"自文本"命令按钮，在弹出的"导入文本文件"对话框中，选择文件"Excel 实验3 数据. txt"，单击"导入"按钮。

2. 在弹出的"文本导入向导－第1步，共3步"对话框中，选择合适的文件原始格式，单击"下一步"按钮。

3. 在弹出的"文本导入向导－第2步，共3步"对话框中，选中分列数据分隔符"Tab 键"复选框，并查看数据预览，单击"下一步"按钮。

4. 在弹出的"文本导入向导－第3步，共3步"对话框中，选择各列数据格式，并查看数据预览，单击"完成"按钮。导入结果如图 3－18 所示。

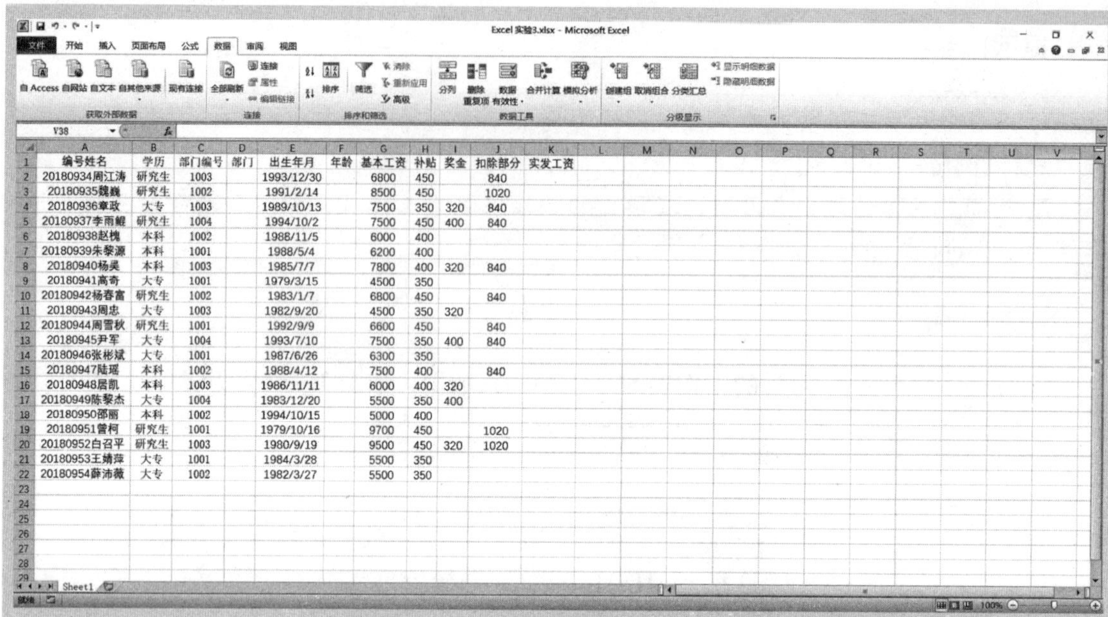

图 3-18　导入数据

4. 文本类函数计算

利用 LEFT、LEN、RIGHT 函数，将"编号姓名"列拆分。

【提示】

1. 在"学历"列前插入两列空白列，在 B1 单元格中输入"编号"，在 C1 单元格中输入"姓名"。

2. 使用函数 LEFT、LEN、RIGHT 函数，在 B 列填入编号，在 C 列填入姓名，如图 3-19 所示。在单元格 B2 中插入函数 "=LEFT(A2,8)"，在单元格 C2 中插入函数 "=RIGHT(A2,LEN(A2)-8)"，并填充后续单元格。

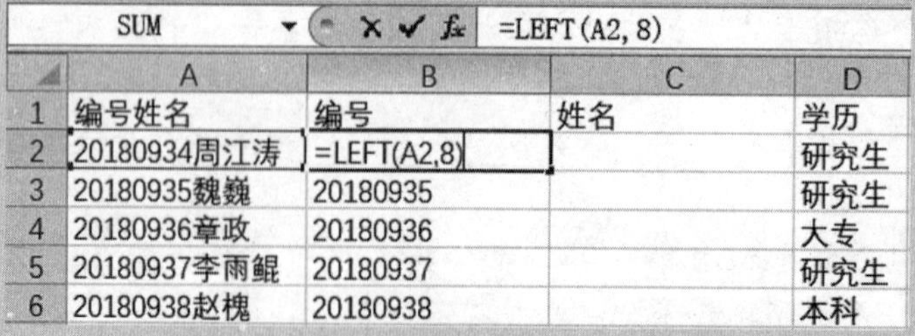

	A	B	C	D
SUM			fx	=LEFT(A2, 8)
1	编号姓名	编号	姓名	学历
2	20180934周江涛	=LEFT(A2,8)		研究生
3	20180935魏巍	20180935		研究生
4	20180936章政	20180936		大专
5	20180937李雨鲲	20180937		研究生
6	20180938赵槐	20180938		本科

图 3-19　函数输入

5. 定义的名称

将工作表 Sheet1 中 A1:B5 单元格区域命名为"部门列表"。

【提示】

> 选中工作表 Sheet1 中 A1:B5 单元格区域，在"公式"选项卡的"定义的名称"组中，单击"定义名称"下拉按钮，在下拉菜单中选择"定义名称"，弹出"新建名称"对话框。在对话框中选择需要引用的位置，输入"部门列表"，单击"确定"按钮。

6. VLOOKUP 函数计算

利用函数 VLOOKUP 函数和"部门列表"数据区域，将工作表 Sheet2 中的"部门"列填写完整。

【提示】

> VLOOKUP 函数的语法格式：
> VLOOKUP(lookup_value, table_array, col_index_num, [range_lookup])
> 在 F2 单元格中插入函数"=VLOOKUP(E2,部门列表,2,FALSE)"，并填充后续单元格。

7. INT、TODAY 函数计算

利用 INT、TODAY 函数，计算员工的实际年龄。

【提示】

> 1. 将"年龄"列数据格式设为"常规"。
> 2. 在 H2 单元格中插入函数"=INT((TODAY()-G2)/365)"，并填充后续单元格。

8. 公式计算

请计算每位员工的实发工资。

【提示】

> 使用公式在单元格 M2 中进行计算，并填充后续单元格，计算公式为"=I2+J2+K2-L2"。

9. 设置表格样式

为工作表 Sheet2 中的数据区域设置表格样式，样式名为"表样式中等深浅2"。

10. 分类汇总

利用分类汇总功能，计算各学历"实发工资"的平均值。

【提示】

1. 选中数据列表，在"表格工具－设计"选项卡的工具组中，单击"转换为区域"命令按钮，弹出图3－20所示的对话框，单击"是"按钮。

2. 在"数据"选项卡中，对"学历"列进行升序排序。

3. 在"数据"选项卡的"分级显示"组中，单击"分类汇总"按钮，弹出"分类汇总"对话框，对各项进行选择，如图3－21所示。

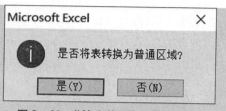

图3－20　"转为普通"区域对话框

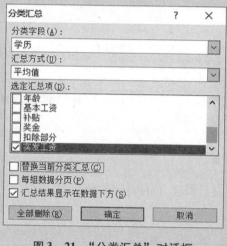

图3－21　"分类汇总"对话框

分类汇总结果如图3－22所示。

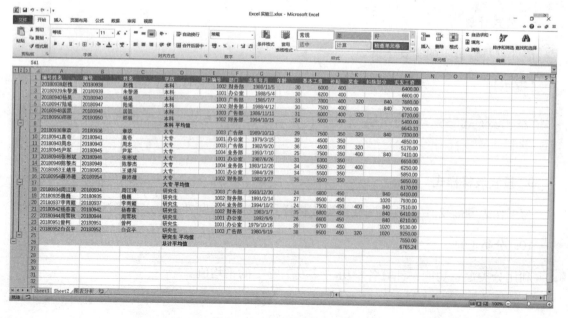

图3－22　示例文档（一）

11. 插入图表

利用"三维饼图"图表，将为"大专""本科""研究生"三类学历的员工的实发工资平均值进行显示，并将图表单独放置于"图表分析"工资表，为图表添加标题"平均工资"、标签，并将图表样式设置为"样式10"，效果如图3-23所示。

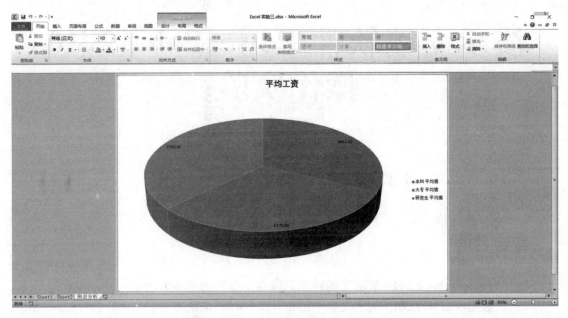

图3-23 示例文档（二）

【提示】

1. 在分类汇总的结果中，选中需要在图表中显示的数据单元格，在"插入"选项卡的"图表"组中选择"三维饼图"。

2. 选中插入的图表，在"图表工具-设计"选项卡的"位置"组中，单击"移动图表"按钮，弹出"移动图表"对话框，如图3-24所示。在对话框中，选中"新工作表"单选框，并在其后的文本框中输入"图表分析"，即可将图表移动至"图表分析"新工作表。

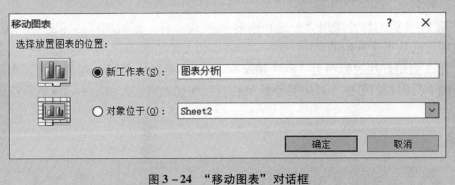

图3-24 "移动图表"对话框

第 4 章

演示文稿软件 PowerPoint 2010 操作实验

实验一 简单演示文稿的制作

一、实验目的

(1) 掌握 PowerPoint 2010 演示文稿建立、保存、放映的基本方法。

(2) 掌握 PowerPoint 2010 演示文稿中幻灯片上添加对象的方法。

二、实验步骤

1. 新建文件

利用"空演示文稿"建立演示文稿。

打开 PowerPoint 2010 软件，在默认"空白演示文稿"中创建 5 张用于自我介绍的演示文稿，如图 4-1 所示。

(1) 第 1 张幻灯片采用"标题幻灯片"版式，标题为"自我介绍"，副标题为自己的班级、学号、姓名。

(2) 第 2~5 张幻灯片采用"标题和内容"版式。第 2 张幻灯片的标题为"简历"，在文本处填写自己从小学开始的简历。

(3) 第 3 张幻灯片的标题为"高考情况"，在文本处插入 2 行 5 列的表格，内容为自己参加高考的 4 门课程的名称、对应的分数及总分，并在表格下方制作 4 门课程对应的"簇状柱形图"。

【提示】

在"插入"选项卡，分别单击"表格""图表"按钮，插入表格、图表，并将图表布局按"布局 4"设置。

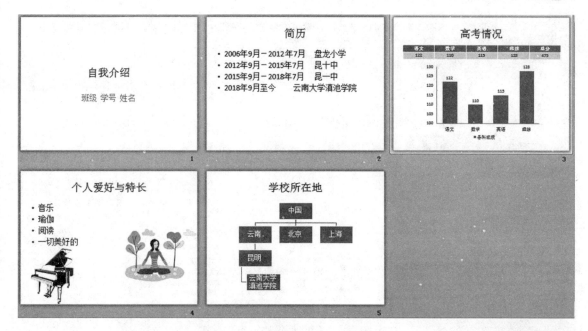

图4-1 "自我介绍"演示文稿示例

(4) 第4张幻灯片的标题为"个人爱好与特长",在文本处填入自己的爱好和特长,并插入自己喜欢的图片或剪贴画。

(5) 第5张幻灯片的标题为"学校所在地",在文本处插入自己就读学校所在地的"组织结构图"。

【提示】

在幻灯片正文占位符中,单击"插入 SmartArt 图形"按钮,打开"选择 SmartArt 图形"对话框,单击"层次结构"选项,选择"组织结构图"样式,在文本框中输入文字。并将多余的文本框删除。添加下层结构时,可切换到"SmartArt 工具—设计"选项卡,在"创建图形"组中单击"添加形状"下拉按钮,在下拉列表中选择要添加的位置。

(6) 以"自我介绍.pptx"为文件名来保存以上建立的演示文稿。

2. 模板

利用"模板"创建一个以介绍自己专业的演示文稿,由4张幻灯片组成,并以"专业介绍.pptx"为文件名来保存。

【提示】

单击"文件"选项卡,在展开的菜单中选择"新建"命令,在列表中选择"样本模板"或"Office. com 模板",如图4-2所示,选择一个适合自己的模板,也可以下载自己喜欢的 PPT 模板。

(1) 第1张幻灯片为封面,设置标题为自己就读的学校名称,再插入学校的校徽;设置副标题为自己的专业名称。

图4-2 模板

（2）在第2张幻灯片中输入专业介绍和特点。

（3）在第3张幻灯片中输入就业方向等基本情况。

（4）在第4张幻灯片中输入本学期学习的课程名称、学分等基本信息。

3. 演示文稿的放映

PowerPoint 2010 演示文稿的放映可在"幻灯片放映"选项卡中设置放映参数。如设置幻灯片放映方式、隐藏幻灯片、排练计时、循环放映等。

【提示】

单击"幻灯片放映"视图按钮或按〈F5〉快捷键，即可播放 PowerPoint 2010 演示文稿。

实验二 演示文稿的格式化及动画设置

一、实验目的

（1）掌握幻灯片的主题及母版的设置方法。

（2）掌握幻灯片的超链接设置方法。

（3）掌握幻灯片的动画设置方法。

二、实验步骤

1. 对演示文稿格式化和美化

（1）打开在本章实验一已保存的"自我介绍.pptx"演示文稿，为所有幻灯片应用"暗香扑面"主题，并对每张幻灯片进行美化设计。

【提示】

> 在"设计"选项卡的"主题"组中，选择"暗香扑面"主题。

（2）将第1张幻灯片的标题"自我介绍"设置字体为"隶书"，字号为"88磅"，并设置艺术字效果，调整文字位置。

【提示】

> 切换到"绘图工具—格式"选择卡，在"艺术字样式"组中选择第4行第5列"渐变填充—褐色，强调文字颜色4，映像"样式，并应用"文本效果"下拉选项"转换"组里的"上弯弧"效果，如图4-3所示。

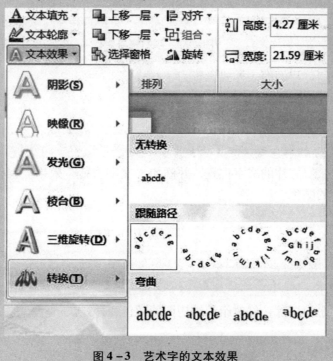

图4-3 艺术字的文本效果

（3）将第2~5张幻灯片的标题设置与第1张幻灯片同样的艺术字样式，字体为"隶书"，字号为"54磅"。

（4）更改第 2 张幻灯片的项目符号图形，调整颜色为"金色，强调文字颜色 6，深色 50%"

【提示】

在"开始"选项卡的"段落"组中，单击"编号"下拉按钮，在下拉列表中选择"项目符号和编号"，打开"项目符号和编号"对话框，单击"自定义"按钮，在字体"Wingdings 2"中选择相应符号，如图 4 - 4 所示。

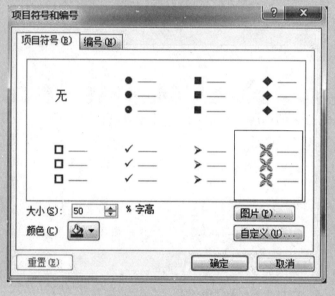

图 4 - 4　项目符号

（5）将第 3 张幻灯片的图表样式设置为"样式 6"。

【提示】

在"图表工具 - 设计"选项卡的"图表样式"组中，选项"样式 6"。

（6）调整第 4 张幻灯片的文字位置，并添加"文字阴影"效果。调整图片大小及位置，修改"钢琴"图片的颜色。

【提示】

选中"钢琴"图片，在"图片工具 - 格式"选项卡的"调整"组中，单击"颜色"按钮，在下拉选项中，选择"重新着色"组的"深黄，强调文字颜色 1，深色"。

（7）对于第 5 张幻灯片，修改组织结构图的颜色和样式。

【提示】

选中组织结构图，在"SmartArt 工具 - 设计"选项卡的"SmartArt 样式"组中，选择

"更改颜色"下拉选项的"彩色—强调文字颜色",并应用"SmartArt样式"组中的"三维—优雅"样式。

2. 对演示文稿应用母版及页眉页脚的设置

(1)利用母版统一在幻灯片右上角插入学校的校徽。

【提示】

在"视图"选项卡的"母版视图"组中,单击"幻灯片母版"按钮,在图4-5所示的母版样式中,插入学校校徽,调整图片的大小和位置,并将图片颜色调整为"金色,强调文字颜色6,浅色"。

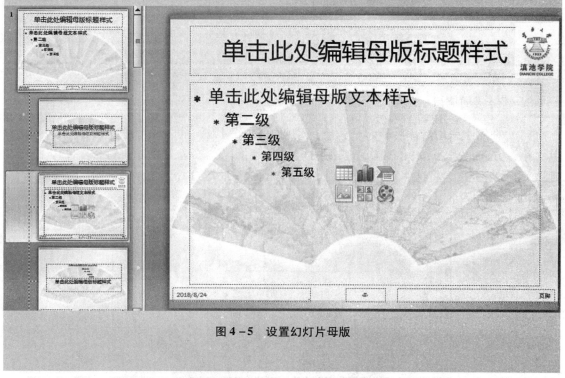

图4-5 设置幻灯片母版

(2)为第2~5张幻灯片添加页脚。页脚内容:左侧为日期,中间为幻灯片编号,右侧为自己的姓名。日期格式为:××××年××月××日,页脚文字大小调整为"14磅"。

【提示】

在"插入"选项卡的"文本"组中,单击"页眉页脚"按钮,弹出"页眉和页脚"对话框,按要求进行设置,如图4-6所示。调整页脚文字的大小,需要在幻灯片母版中进行操作。

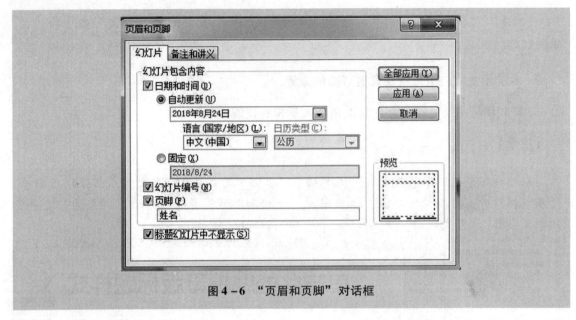

图 4 – 6 "页眉和页脚"对话框

3. 超链接的应用

（1）在第 1 张幻灯片后新建一张空白幻灯片制作目录，插入 4 个"矩形"形状，调整其大小、方向、颜色，并依次输入"简历""高考情况""个人爱好与特长""学校所在地"。利用超链接，将这 4 个形状分别链接到后面 4 张幻灯片。"目录"样式如图 4 – 7 所示。

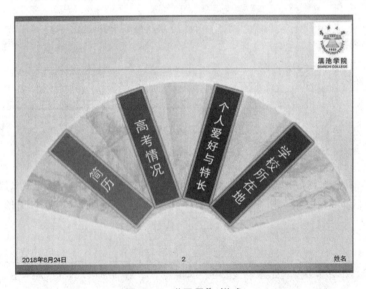

图 4 – 7 "目录"样式

（2）在第 3 ~ 6 张幻灯片的右下角插入"左箭头"图形，调整大小、颜色，设置超链接，返回目录幻灯片。

【提示】

选中需要设置超链接的对象，在"插入"选项卡中单击"超链接"按钮，在弹出的"插入超链接"对话框中进行设置，如图4-8所示。

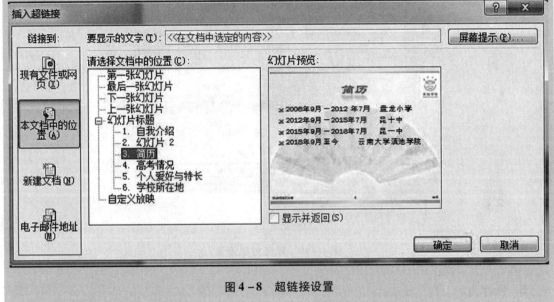

图4-8 超链接设置

4. 为幻灯片设置动画效果

（1）在"切换"选项卡中，设置演示文稿中第1张幻灯片的切换方式为"涟漪"，声音为"风铃"，持续时间为2秒；第2张幻灯片的切换方式为"框"，声音为"硬币"；第3～6张幻灯片的切换方式为"随机线条"。如图4-9所示。

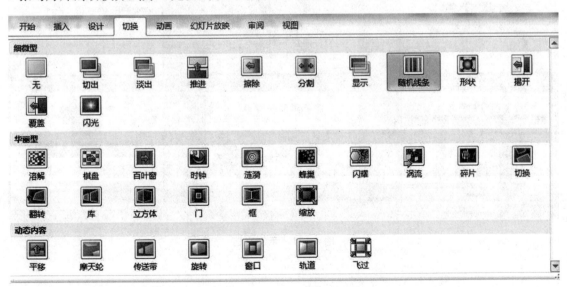

图4-9 幻灯片切换方式设置

（2）在"动画"选项卡中，为第4张幻灯片的图表设置"进入"—"出现"动画效果，效果选项设置为"按类别"；为第5张幻灯片的钢琴图片设置为"进入"—"旋转"动画效果；将瑜伽图片设置"动作路径"—"直线"，效果选项为"方向"—"上"，开始时间为"上一动画之后"，如图4-10所示；为第6张幻灯片的组织结构图设置为"进入"—"形状"动画效果，效果选项设置为"一次级别"，持续时间为1秒。

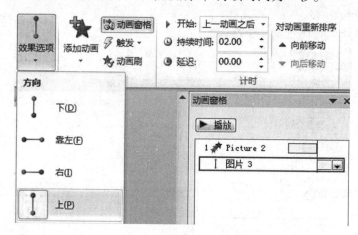

图 4 - 10　动画效果设置

5. 另存为

将演示文稿另存为"自我介绍 - 格式化 . pptx"，并观看放映效果。示例文档如图 4 - 11 所示。

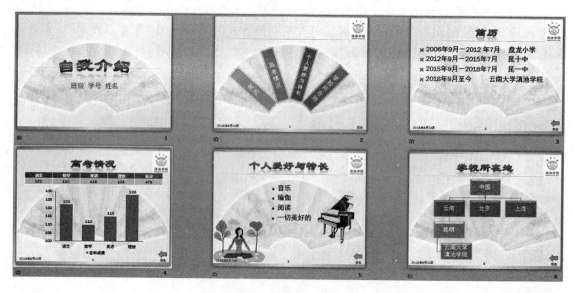

图 4 - 11　示例文档

实验三 演示文稿的综合应用

一、实验目的

（1）能在 PowerPoint 2010 中设计制作电子相册。
（2）能新建、编辑相册。
（3）能设置幻灯片的主体，美化幻灯片中艺术字、图片、文本框等内容。
（4）能制作图、文类型的超链接。
（5）能制作图片的动画效果。
（6）能在幻灯片中应用背景音乐。
（7）能应用幻灯片的排练计时功能。

二、实验步骤

在制作 PowerPoint 2010 的电子相册时，可以批量插入相片，并自动生成相应的幻灯片，所有幻灯片中相片的位置、大小、形状、效果都相同。利用制作电子相册功能，我们不但能够简单、快速、省事、高效地制作出精美的电子相册，还能省去一张张插入相片、再一张张调整大小、设置效果等的工序。

本实验以介绍自己学校校园风景为内容，制作一份电子相册，并制作相册封面、目录和封底。

1. 新建相册

（1）启动 PowerPoint 2010，在"插入"选项卡的"图像"组中，单击"相册"下拉按钮，在下拉列表中选择"新建相册"，如图 4 – 12 所示。

图 4 – 12　新建相册

（2）在弹出的"相册"对话框中，对插入的图片进行版式设置。

【提示】

在图4-13所示的"相册"对话框中进行设置，步骤如下：

1. 单击"文件/磁盘"按钮，在"插入新图片"对话框中选择用于制作相册的图片。

2. 若需要调整相册图片的顺序，就先选中图片，然后单击上移或下移按钮来调整顺序，还可调整图片方向、对比度、亮度等格式。

3. 在"相册版式"处，设置"图片版式"为"1张图片（带标题）"，"相框形状"设置为"居中矩形阴影"。

4. 单击"创建"按钮，生成相册幻灯片。

图4-13 "相册"对话框

2. 设置相册幻灯片主题样式

【提示】

单击"设计"选项卡中"主题"组的快翻按钮，打开主题样式列表，选择"夏至"主题样式。

3. 制作相册封面

相册封面包含相册封面标题、相册说明文字、插图、制作者信息、制作时间等内容，如图4-14所示。

图 4-14　相册封面

（1）相册说明文字、制作者信息及制作时间都使用文本框制作。相册说明文字的格式：华文中宋，32 号，阴影。制作者信息的格式：华文行楷，28 号，加粗。制作时间的格式：华文中宋，18 号，加粗。

（2）相册封面标题使用艺术字制作。标题文字的格式：华文行楷，72 号，加粗。在"插入"选项卡的"文本"组中，单击"艺术字"按钮，在打开的艺术字库中选择"填充—红色，强调文字颜色 3，粉状棱台"效果；然后在"绘图工具－格式"选项卡的"艺术字样式"组中，单击"文本效果"按钮，在下拉列表中"映像"组里选择"半映像，4pt偏移量"的映像变体效果，如图 4-15 所示。

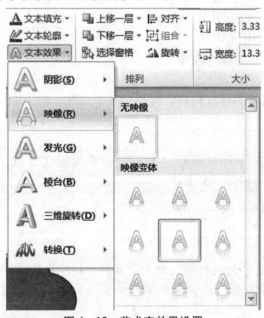

图 4-15　艺术字效果设置

（3）相册封面插图的制作。先插入图片，再将图片裁剪为云形，并使用"内部居中"阴影效果。

【提示】

在"图片工具－格式"选项卡的"大小"组中单击"裁剪"下拉按钮，在下拉列表中选择"裁剪为形状"，再选择"基本形状"组里的"云形"效果，如图4－16所示。然后，在"图片样式"组中，选择"图片效果"→"阴影"→"内部居中"。

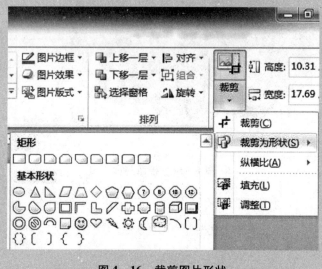

图4－16　裁剪图片形状

4. 制作相册目录

（1）在目录页标题文本框中输入"校园美景目录"，利用格式刷，将相册封面标题的格式复制到目录页标题，再设置字体格式为：隶书，54号，加粗。

（2）制作目录页的相片缩略图。

①批量插入相册中的10张图片。

②批量设置图片格式：宽度5厘米。

③批量设置图片效果"预设1"。

④按内页的顺序将缩略图摆放整齐，行列对齐、对准、间隔均匀。

【提示】

在"图片工具－格式"选项卡的"大小"组中输入宽度值；在"图片样式"组的"图片效果"下拉选项中选择"预设1"。

（3）制作相册说明文字。

【提示】

在"视图"选项卡的"母版视图"组中，单击"幻灯片母版"按钮，打开"幻灯片母版"选项卡，在"标题和内容"版式中插入竖排文本框并输入文字，格式为：华文中宋，18号。

（4）利用超链接，将每张小缩略图链接到对应的内页幻灯片。

【提示】

选中缩略图，在"插入"选项卡的"链接"组中，单击"超链接"图标，打开"编辑超链接"对话框进行设置，如图4-17所示。

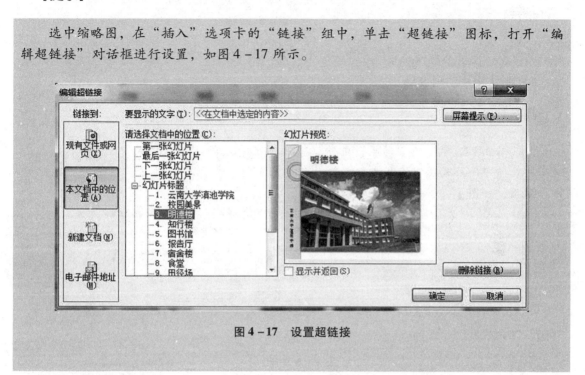

图4-17 设置超链接

5. 制作相册内页

相册内页由相片标题、相片、相册说明、相册导航栏组成，如图4-18所示。

图4-18 相册内页组成

（1）输入相片标题文字，格式为：华文中宋、43号、阴影。

在"视图"选项卡的"显示"组中，选中"参考线"复选框，利用参考线来调整每页相片的位置和尺寸，使其一致，并设置相同的图片样式。

（2）利用幻灯片母版功能，设置相册说明文字。

（3）制作相片导航栏。

【提示】

在相片下面插入文本框，输入文字，利用超链接功能，将相片链接到对应的幻灯片。

（4）制作相片动画效果。

【提示】

在"动画"选项卡的"动画"组中，单击自己喜欢的"进入效果"。然后单击"高级动画"组中的"动画窗格"按钮，打开"动画窗格"对话框，设置"从上一项之后开始"动画，如图4-19所示。

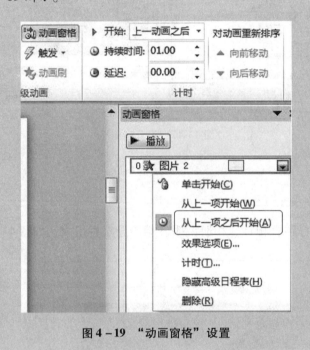

图4-19 "动画窗格"设置

6. 制作相册封底

在相册最后一张幻灯片后新建一张空白幻灯片，用于制作封底。相册封底由结束语、感谢语、图片、制作者信息组成。

【提示】

为结束语、感谢语、图片、制作者信息设置适当的动画效果，动画的"开始"方式都是"从上一项之后开始"，使其自动开始；为图片设置"金属椭圆"样式效果。

7. 为相册应用背景音乐

先在相册封面插入"音频",然后打开"动画窗格"对话框,在音频动画下拉列表中选择"效果选项",弹出"播放音频"对话框,在"效果"选项卡中选择"开始播放"和"停止播放"的时间,如图 4-20 所示。

图 4-20 播放音频设置

8. 为相册设置排练计时,使其自动放映

在"幻灯片放映"选项卡的"设置"组中,单击"排练计时"按钮,在幻灯片放映状态下,控制每张幻灯片的放映时间,进行录制即可。

9. 另存为

将演示文稿另存为"电子相册——美丽的校园.pptx",并观看放映效果。文档示例如图 4-21 所示。

图 4 – 21　文档示例

第5章

<<<<<

计算机网络与 Internet 基础实验

实验一　简单局域网组建实验

一、实验目的

（1）了解常用的星形拓扑结构组建局域网方法。

（2）掌握组建局域网所使用的基本网络连接线路及设备。

（3）掌握 IP 地址的作用及配置方案。

（4）掌握基础的网络连通测试方法。

（5）学会使用基础网络命令 ping、ipconfig。

三、实验步骤

本次实验使用第三方网络模拟软件 Cisco Packet Tracer 来模拟一个学生宿舍中由 4 台 PC 和 1 台交换机来组成一个简单局域网的过程，并要求学生根据星形拓扑结构组网及配置 IP 地址，最终使用 ping 命令来验证 4 台 PC 之间能够相互连通。其网络拓扑图如图 5 – 1 所示。

1. 使用模拟软件

打开 Cisco Packet Tracer 网络模拟软件，在软件工作区中添加 4 台 PC、1 台 24 口交换机。

【提示】

在该软件左下角的"交换机"组中添加 1 台 2950 – 24 交换机；在该软件左下角的"终端设备"组中添加 4 台 Generic PC。

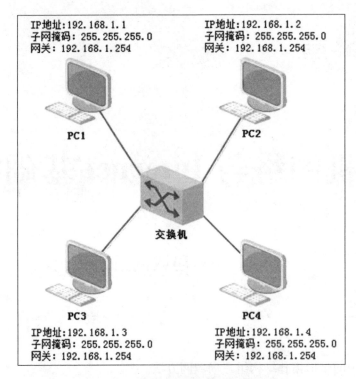

图 5 - 1　简单局域网组建实验拓扑图

2. 连接 PC 机和交换机

使用 Cisco Packet Tracer 网络模拟软件中的模拟网线，连接 PC 和交换机。

【提示】

　　在该软件左下角的"线缆"组中，使用第 3 种"直通线"进行连接。

思考题 1：连接线缆中的"直通线"和"交叉线"有什么区别？

3. 设置

分别配置 4 台 PC 的名称、IP 地址、子网掩码、网关。

【提示】

　　在工作区中单击 PC 图标，在弹出的对话框中选择"Config"选项卡，在"全局配置"→"配置"项中设置 PC 的名称和网关，在"接口配置"→"FastEthernet0"中设置该 PC 的 IP 地址和子网掩码。

4. 配置查看

（1）组网并配置完成后，如图 5 - 2 所示。

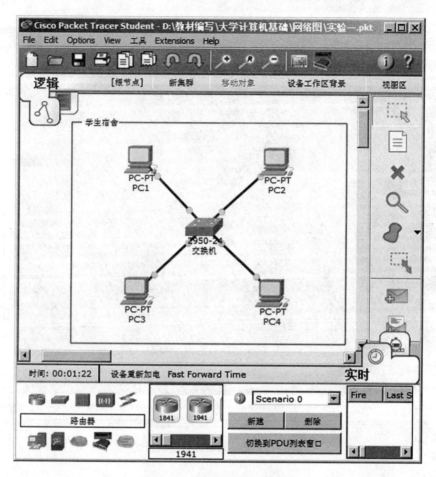

图 5 - 2　简单局域网配置完成

（2）在命令行界面下，使用 ipconfig 命令查看本机 IP 地址、子网掩码、网关配置情况；使用 ping 命令测试该局域网内各 PC 之间的连接情况。简单局域配置成功后，测试连通性，如图 5 - 3 所示。

方法：ping 某台 PC 的 IP 地址

例如：ping 192. 168. 1. 4

【提示】

　　在工作区中单击 PC 机后，在弹出的对话框中选择"Desktop"选项卡，单击"Command prompt"启动模拟 DOS 界面，在该界面下运行 ipconfig 和 ping 命令。

思考题 2：除 ping 命令外，是否还有其他测试网络连通的方法？

思考题 3：在 ping 命令后，除了可以跟 IP 地址外，还可以跟什么？

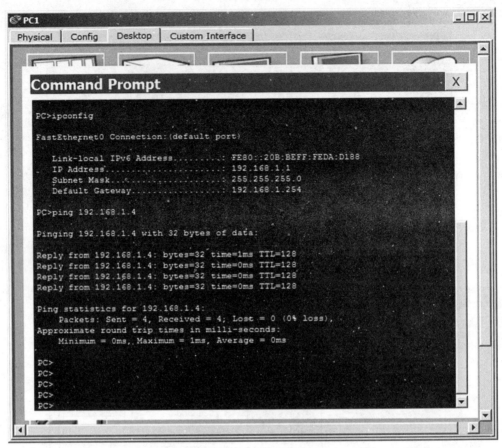

图 5 - 3　简单局域配置成功测试

实验二　普通无线路由器配置实验

一、实验目的

（1）了解无线局域网的组建方法。

（2）掌握组建无线局域网所使用的网络连接线路及设备。

（3）了解无线路由器中 LAN、WAN 的区别。

（4）掌握无线路由器的作用及配置方法。

（5）知道 DHCP 服务器的作用。

三、实验步骤

本次实验应使用第三方网络模拟软件 Cisco Packet Tracer 模拟完成。

● 第一阶段，模拟搭建一个大学宿舍的无线网络，通过一个无线路由器，将宿舍中的智能手机、平板计算机、笔记本计算机、PC 接入该无线网络，其网络拓扑图如图 5 - 4 所示。

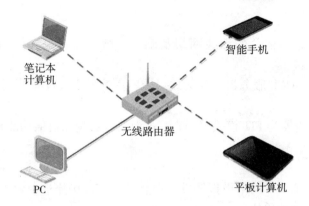

图5-4　普通无线路由器配置实验拓扑图

要求：

（1）无线名称：OFFICEWIFI。

（2）接入密码：1234567890。

（3）各设备IP地址：自动获取。

（4）DHCP地址池：192.168.1.100～192.168.1.200。

（5）无线路由器IP地址：192.168.1.254。

（6）子网掩码：255.255.255.0。

（7）网关：192.168.1.254。

● 第二阶段，模拟大学宿舍的LAN接入Internet模式，对第一阶段模拟搭建的大学宿舍无线网络建立的网络进行调整，使该无线局域网内的无线设备能够接入校园网，其网络拓扑图如图5-5所示。

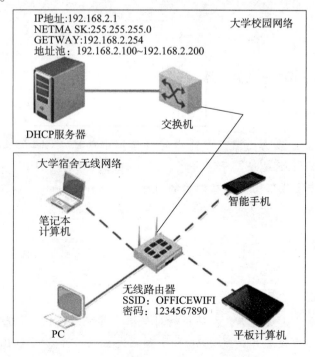

图5-5　LAN接入Internet实验拓扑图

要求：

（1）在模拟搭建大学宿舍的无线网络基础上，增加模拟校园网的 1 台交换机和 1 台 DHCP 服务器。

（2）使用增加的 DHCP 服务器，为无线局域网内的各无线设备分配 IP 地址、子网掩码、网关。

（3）设置无线路由器为 FIT 模式（FIT 模式为只有射频和通信功能模式）。

1. 使用模拟软件

打开 Cisco Packet Tracer 网络模拟软件，在软件工作区中添加 1 台无线路由器、1 台 PC、1 台平板计算机、1 部智能手机。

【提示】

在该软件左下角的"无线设备"组中添加 1 台 WRT300N 无线路由器，在"终端设备"组中添加 1 台 Generic PC、1 台 Generic 笔记本计算机、1 台 WirelessTablet 平板计算机、1 台 SmartDevice 智能手机。

2. 连接 PC 和无线路由器

使用 Cisco Packet Tracer 网络模拟软件中的模拟网线，连接 PC 和无线路由器。

【提示】

在该软件左下角的"线缆"组中，使用第 3 种"直通线"来连接 PC，其他为无线连接。

3. 设置路由器

按无线网络要求来设置无线路由器。

【提示】

在工作区中单击无线路由器，在弹出的对话框中选择"GUI"选项卡，在"Setup"项中设置无线路由器的 IP 地址、子网掩码、IP 地址池，并启用 DHCP 功能。

在工作区中单击无线路由器，在弹出的对话框中选择"Config"选项卡，在"接口配置"→"无线"项中按要求设置无线名称（SSID）、无线连接密码。

4. 设置无线设备

【提示】

在工作区中单击各无线设备，在弹出的对话框中选择"Config"选项卡，在"接口配置"→"Wireless0"项中设置各无线设备 SSID 和无线密码，并启用 DHCP 功能，为笔记本计算机配置无线网卡，各无线设备将自动接入无线路由器。

5. 添加服务器

根据无线设备能够接入校园网的要求，添加模拟大学校园网的交换机和 DHCP 服务器，并用正确的线缆连接新增设备。

【提示】

在该软件左下角的"终端设备"组中添加 1 台 Generic 服务器；使用"交叉线"连接交换机与无线路由器的 LAN 口；使用"直通线"连接交换机和 DHCP 服务器。

思考题 4：无线路由器上的 LAN 口与 WAN 口的作用和区别是什么？

6. 设置路由器

设置校园 DHCP 服务器和无线路由器，建立宿舍无线网与校园网的连接。

【提示】

关闭无线路由器的 DHCP 功能，设置其为 FIT 模式；设置校园 DHCP 服务器的 IP 地址为 192.168.2.1，子网掩码为 255.255.255.0，网关为 192.168.2.254，并在"服务器设置"对话框中选择"Services"选项卡，在"服务"→"DHCP"项中设置开启 DHCP 服务，并设置地址池为 192.168.2.100 ~ 192.168.2.200，完成后保存设置。

思考题 5：DHCP 服务器的作用是什么？

7. 查看

在无线设备上使用 ping 和 ipconfig 命令，查看无线设备是否连接正常，以及是否接入了校园网络。

【提示】

如果能正确获得 DHCP 服务器分配的 IP 地址，就视为接入了校园网络。

（1）模拟搭建大学宿舍的无线网络组网并配置完成后，如图 5 - 6 所示。

（2）模拟大学宿舍的 LAN 接入 Internet 模式，使该无线局域网内的无线设备能够接入校园网，组网并配置完成后，如图 5 - 7 所示。

（3）WiFi 连接成功后，查看结果如图 5 - 8 所示。

（4）DHCP 分配 IP 地址成功后，查看结果如图 5 - 9 所示。

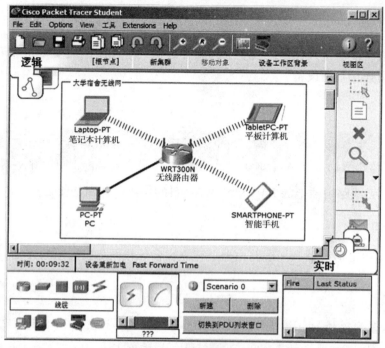

图 5-6　配置完成（1）

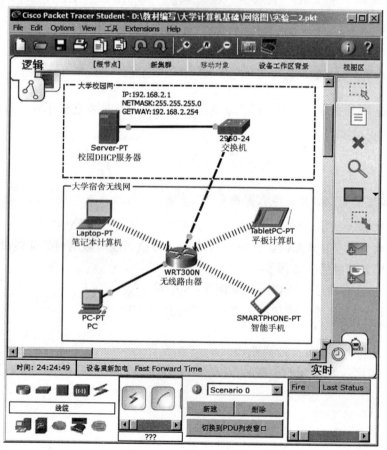

图 5-7　配置完成（2）

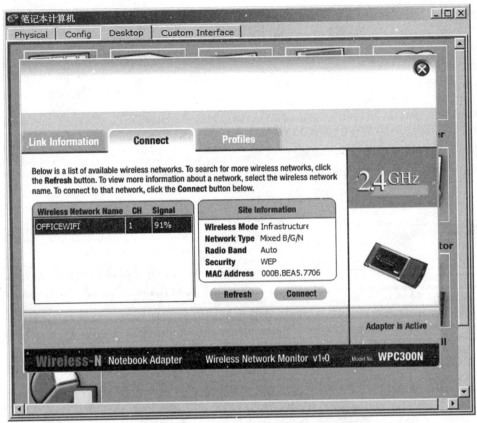

图 5 - 8　WiFi 连接成功

图 5 - 9　DHCP 分配 IP 地址成功

实验三　局域网资源共享实验

一、实验目的

（1）掌握网络资源共享的形式和方法。

（2）了解局域网打印机共享的设置过程。

（3）了解局域网内 WEB 服务器的作用。

（4）知道 DNS 服务器的作用。

二、实验步骤

本次实验使用第三方网络模拟软件 Cisco Packet Tracer 来模拟在局域网中设置软、硬件资源共享的整个过程。在整个实验过程中，建立由 1 台打印机、1 台 PC、1 台交换机、1 台笔记本计算机、1 台无线路由器、2 台服务器构成的综合型局域网。在该局域网中，实现打印机的网络共享和建立局域网内部的 WEB、DHCP、DNS 服务。其中，WEB 服务器、DNS 服务器的地址固定，其他接入该网络的设备地址由无线路由器开启 DHCP 服务来分配，其网络拓扑图如图 5–10 所示。

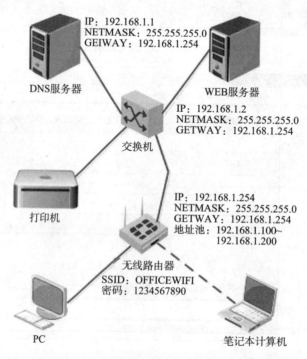

图 5–10　局域网资源共享实验拓扑图

1. 使用模拟软件

打开 Cisco Packet Tracer 网络模拟软件，在软件工作区中添加 1 台无线路由器、1 台 PC、1 台笔记本计算机、1 台打印机、2 台服务器。

【提示】

在该软件左下角的"无线设备"组中添加1台WRT300N无线路由器；在该软件左下角的"终端设备"组中添加1台Generic PC、1台Generic 笔记本计算机、1台Generic 打印机、2台Generic 服务器；在该软件左下角的"交换机"组中添加1台2950-24交换机。

2. 连接网络设备

使用Cisco Packet Tracer网络模拟软件中的模拟网线，连接各网络设备，并按所给的拓扑图要求来配置各网络设备。

【提示】

在该软件左下角的"线缆"组中使用"直通线"来连接PC、服务器、打印机；使用"无线"来连接笔记本计算机，为笔记本计算机配置无线网卡；使用"交叉线"来连接交换机与路由器。

3. IP 设置

设置网络打印机的IP地址为192.168.1.3，子网掩码为255.255.255.0，网关为192.168.1.254，使该打印机在网络中共享，并让该网络中的所有计算机能共同使用该打印机。

【提示】

在工作区中，单击打印机，在弹出的对话框中选择"Config"选项卡，在"接口配置"→"FastEthernet0"中为该打印机配置IP地址。若在PC或笔记本计算机上能够使用ping命令测试出与该打印机的连接正常，则视为该打印机共享设置成功。

思考题6：将非网络打印机在局域网内共享，应该怎么设置？

4. 建立 WEB 站点

配置WEB服务器的同时，关闭在此服务器上的DHCP、FTP、MAIL、DNS服务（Service），使其能够建立起一个WEB站点，并在该局域网内通过http://192.168.1.2，在模拟浏览器中能访问到该WEB站点。

【提示】

在工作区中，单击WEB服务器后，在弹出的对话框中选择"Services"选项卡，在"服务"→"HTTP"项中设置，开启该服务器的WEB服务。

思考题7：网络中资源共享的形式有哪些？

5. 配置 DNS 服务器

配置DNS服务器的同时，关闭在此服务器上的DHCP、FTP、MAIL、WEB服务（Service），使其能够实现在该局域网内通过使用域名 www. test. com 来访问 WEB 服务器上的网站。

【提示】

在工作区中，单击 DNS 服务器，在弹出的对话框中选择 "Services" 选项卡，在 "服务" → "DNS" 项中设置。开启该服务器的 DNS 服务，添加一条 "www. test. com" 对应 192. 168. 1. 2 的域名解析记录。

思考题 **8**：DNS 服务器的作用是什么？

6. 查看

使用模拟的笔记本计算机，查看网络中的打印机共享、WEB 服务器、DNS 服务器是否设置正确。

【提示】

在工作区中，单击笔记本计算机图标，在弹出的对话框中选择 "Desktop" 选项卡，在 "Command prompt" 下使用 ping 命令查看网络打印机是否共享成功；使用 "Web Browser" 来查看 WEB 服务器（http://192. 168. 1. 2）和 DNS 服务器（www. test. com）是否正确显示。

（1）组网并配置完成后，结果如图 5 – 11 所示。

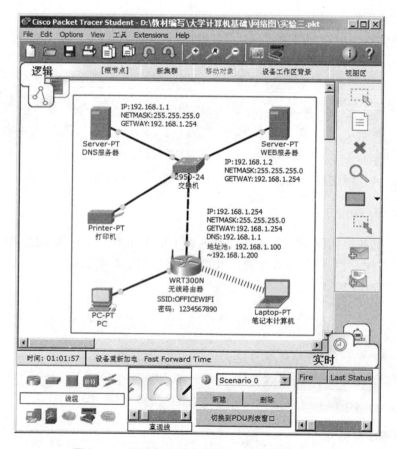

图 5 – 11 局域网资源共享实验配置完成拓扑图

（2）网络打印机共享成功后，查看结果如图5-12所示。

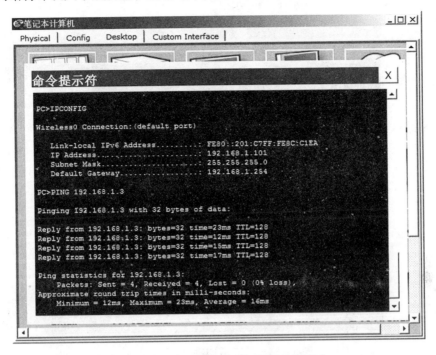

图 5-12 Ping 命令测试打印机共享成功

（3）DNS 服务器架设成功后，如图5-13所示。

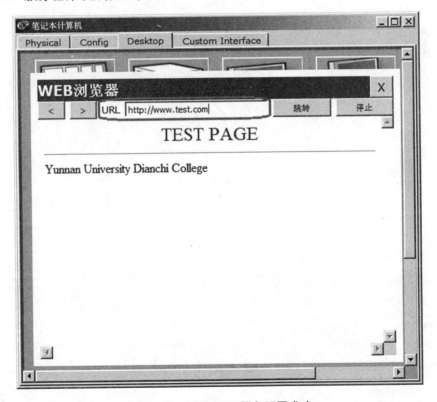

图 5-13 测试 DNS 服务配置成功

（4）WEB 服务器架设成功后，如图 5 - 14 所示。

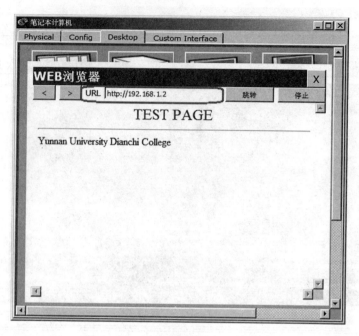

图 5 - 14 测试 WEB 服务配置成功

第二篇

习题篇

第6章

<<<<<

计算机概述知识习题

一、选择题

1. 差分机是一种能进行_____运算的自动制表机。

A. 减法   B. 加法

C. 乘法   D. 除法

2. _____是现代通用计算机的雏形。

A. 查尔斯·巴贝奇于 1834 年设计的分析机

B. 艾伦·图灵建立的图灵机模型

C. 宾夕法尼亚大学于 1946 年 2 月研制成功的 ENIAC

D. 冯·诺依曼和他的同事研制的 EDVAC

3. _____被誉为计算机科学的奠基人。

A. 查尔斯·巴贝奇   B. 艾伦·图灵

C. 冯·诺依曼   D. 布莱斯·帕斯卡

4. 第一台通用数字电子计算机是_____。

A. ABC 计算机   B. ENIAC

C. EDVAC   D. UNIVAC

5. 第一款商用计算机是_____。

A. ENIAC   B. MARK I

C. UNIVAC   D. EDVAC

6. 计算机从其诞生至今已经历了 4 个时代，这种对计算机划代的原则是根据_____。

A. 计算机的运行速度   B. 程序设计语言

C. 计算机的存储量   D. 计算机采用的物理器件

7. 第三代计算机的逻辑器件是_____。

A. 电子管   B. 晶体管

C. 中、小规模集成电路   D. 大规模、超规模集成电路

8. PC 属于_____。

A. 巨型计算机   B. 中型计算机

C. 小型计算机　　　　　　　　　　　　D. 微型计算机

9. 计算机最早的应用领域是＿＿＿＿＿＿＿。

A. 科学计算　　　　　　　　　　　　　B. 数据处理

C. 过程控制　　　　　　　　　　　　　D. 人工智能

10. 科学计算的特点是＿＿＿＿＿＿＿。

A. 数据输入输出量大　　　　　　　　　B. 计算量大，数据范围广

C. 计算相对简单　　　　　　　　　　　D. 具有良好的实时性和高可靠性

11. 计算机辅助制造的英文缩写是＿＿＿＿＿＿＿。

A. CAD　　　　　　　　　　　　　　　B. CAM

C. CAI　　　　　　　　　　　　　　　D. CIMS

12. 在电子商务中，企业与消费者之间的交易模式称为＿＿＿＿＿＿＿。

A. B2B　　　　　　　　　　　　　　　B. C2B

C. B2C　　　　　　　　　　　　　　　D. C2C

13. 我国第一台电子计算机是＿＿＿＿＿＿＿。

A. 103 型计算机　　　　　　　　　　　B. 104 型计算机

C. 107 型计算机　　　　　　　　　　　D. 119 型计算机

14. 以下不属于云计算特点的是＿＿＿＿＿＿＿。

A. 按需服务　　　　　　　　　　　　　B. 虚拟化

C. 高可靠性　　　　　　　　　　　　　D. 私有化

15. 在当今社会中，最为突出的大数据环境是＿＿＿＿＿＿＿。

A. 互联网　　　　　　　　　　　　　　B. 物联网

C. 综合国力　　　　　　　　　　　　　D. 自然资源

16. 以下选项中，＿＿＿＿＿＿＿不是大数据的特征。

A. 价值密度低　　　　　　　　　　　　B. 数据类型繁多

C. 访问时间短　　　　　　　　　　　　D. 处理速度快

17. 第三次信息技术革命指的是＿＿＿＿＿＿＿。

A. 互联网　　　　　　　　　　　　　　B. 物联网

C. 智慧地球　　　　　　　　　　　　　D. 感知中国

18. 3D 打印需要经过哪四个主要阶段？＿＿＿＿＿＿＿。

A. 建模、打印、分层、后期处理

B. 分层、打印、建模、后期处理

C. 建模、分层、打印、后期处理

D. 打印、建模、分层、后期处理

19. 以下选项中，＿＿＿＿＿＿＿不属于虚拟现实的特征。

A. 沉浸感　　　　　　　　　　　　　　B. 交互性

C. 想象性　　　　　　　　　　　　　　D. 多样性

20. 被人们称为 3C 的技术是指＿＿＿＿＿＿＿。

A. 微电子技术、光电子技术和计算机技术

B. 通信技术、计算机技术和控制技术

C. 信息基础技术、信息系统技术和信息应用技术

D. 信息获取技术、信息处理技术和信息传输技术

21. 下列选项中，不属于信息系统技术的是_____。

A. 信息获取技术   B. 信息控制技术

C. 现代信息存储技术   D. 微电子技术

22. 人类应具备的三大思维能力是指_____。

A. 抽象思维、逻辑思维和形象思维

B. 逆向思维、演绎思维和发散思维

C. 实验思维、理论思维和计算思维

D. 计算思维、理论思维和辩证思维

23. 对于信息，_____是错误的。

A. 信息是可以处理的

B. 信息是可以传播的

C. 信息是可以共享的

D. 信息随载体的变化而变化

24. 对于计算机中使用二进制的原因，下列表述中不正确的是_____。

A. 是因为计算机只能识别 0 和 1

B. 物理上容易实现，可靠性强

C. 运算简单，通用性强

D. 二进制数的 0、1 数码正好与逻辑代数中的"真"和"假"相吻合，便于表示和进行逻辑运算

25. 十进制数 98 转换为二进制数和十六进制数分别是_____。

A. 01101100 和 61   B. 1100010 和 62

C. 10101011 和 5D   D. 01011000 和 5C

26. 二进制数 1110×11 的结果为_____。

A. 101011   B. 101010

C. 101101   D. 110001

27. 在下面不同进制的 4 个数中，最大的数是_____。

A. (11010011)B   B. (210)O

C. (FC)H   D. (192)D

28. 浮点数之所以能表示很大或很小的数，是因为使用了_____。

A. 较多的字节   B. 较长的尾数

C. 符号位   D. 阶码

29. 目前在微型计算机上最常用的字符编码是_____。

A. 8421 码   B. 汉字字型码

C. ASCII 码   D. EBCDIC 码

30. 汉字区位码的区码和位码的取值均在十进制 1～94，则汉字的 GB 2312—80 国际码的每个字节的取值均在范围_____。

A. 33～126   B. 0～127

C. 161～254　　　　　　　　　　　　　　　D. 32～127

31. 下列关于字符之间大小关系的说法中，正确的是_____。

A. b＞B＞空格符　　　　　　　　　　　B. 空格符＞B＞b

C. 空格符＞b＞B　　　　　　　　　　　D. B＞b＞空格符

32. 汉字系统中的汉字字库里存放的是汉字的_____。

A. 输入码　　　　　　　　　　　　　　B. 国际码

C. 机内码　　　　　　　　　　　　　　D. 字形码

33. 下列对补码的叙述，_____不正确。

A. 负数的补码是该数的反码最右加 1

B. 负数的补码是该数的原码最右加 1

C. 正数的补码就是该数的原码

D. 正数的补码就是该数的反码

34. 已知 8 位机器码 11001010，它是补码时，表示的十进制真值是_____。

A. －64　　　　　　　　　　　　　　　B. 64

C. －54　　　　　　　　　　　　　　　D. －56

35. 以下式子中不正确的是_____。

A. （1101010101010）B＞（FFF）H　　　B. （123456）D＜（123456）H

C. （1111）D＞（1111）B　　　　　　　D. （9）H＞（9）D

二、填空题

1. 计算机按用途划分为专用机和_____。

2. 图灵在计算机科学方面的主要贡献是建立了图灵机模型和提出了定义机器智能的_____。

3. _____被称为"现代计算机之父"。

4. 第一代电子计算机采用的物理器件是_____。

5. 在计算机应用领域中，CAD 是指_____。

6. 云计算的主要服务形式有：基础设施即服务、_____和软件即服务。

7. 物联网应用中的三项关键技术：_____、RFID 技术和嵌入式系统技术。

8. 虚拟现实系统主要由_____、应用软件系统、_____、用户和数据库等组成。

9. 人类社会生存和发展的三大基本资源是物质、能源和_____。

10. _____技术是现代电子信息技术的直接基础。

11. _____是指有关信息的获取、传输、处理、控制的设备和系统的技术。

12. _____是运用计算机科学的基础概念进行问题求解、系统设计，以及人类行为理解等涵盖计算机科学之广度的一系列思维活动。

13. 十进制数 89.6D 可转换成二制数_____B（保留四位小数）、八进制数_____O 和十六进制数_____H。

14. 浮点数取值范围的大小由_____决定，而浮点数的精度由_____决定。

15. 假设一个数在机器中占用 8 位，则 – 54 的原码、反码、补码依次为 _____、
_____、_____。

16. 在计算机中，根据小数点固定的位置不同，定点数有 _____ 和 _____
两种。

17. 字符"A"的 ASCII 码值为 41H，则可推出字符"Z"的 ASCII 码值为 _____。

18. 汉字输入时采用 _____，存储或处理汉字时采用 _____，输出时采
用 _____。

19. 若某汉字的国际码是 6052H，则该汉字的机内码是 _____。

20. 如果 16 × 16 点阵的每个汉字的字形码占 32 字节，那么 64 × 64 点阵的每个汉字的字
形码占 _____ 字节。

第7章

<<<<<<

计算机系统知识习题

一、选择题

1. 计算机系统由_____组成。

A. 硬件系统和软件系统　　　　　　　B. 系统软件和应用软件

C. 主机和外部设备　　　　　　　　　D. 主机、显示器和键盘

2. 计算机采用的存储程序的原理是_____提出来的。

A. 查尔斯·巴贝奇　　　　　　　　　B. 比尔·盖茨

C. 乔布斯　　　　　　　　　　　　　D. 冯·诺依曼

3. 计算机硬件系统是由_____组成。

A. 主机、显示器和键盘

B. 运算器、控制器、存储器、输入和输出设备

C. CPU、硬盘和内存

D. 主板、CPU、硬盘和内存

4. RAM 和 ROM 的区别是_____。

A. RAM 断电之后，信息会消失，ROM 断电之后，信息不会消失

B. RAM 断电之后，信息不会消失，ROM 断电之后，信息会消失

C. RAM 属于内存储器，ROM 属于外存储器

D. RAM 属于外存储器，ROM 属于内存储器

5. 硬盘、U 盘、移动硬盘属于_____。

A. 内存储器设备　　　　　　　　　　B. 输入设备

C. 外存储器设备　　　　　　　　　　D. 输出设备

6. 计算机存储器中的 1MB 单位相当于_____KB 单位。

A. 1000　　　　　　B. 1024　　　　　　C. 8　　　　　　D. 2^8

7. 下列设备中，_____是计算机。

A. 手机　　　　　　　　　　　　　　B. 计算器

C. ATM 机　　　　　　　　　　　　　D. 以上都是

8. 计算机能够按照用户的要求自动、高速地进行操作，是因为_____。

A. CPU 的主频高 B. 内存容量大

C. 硬盘读取速度快 D. 程序存储在内存中

9. 内存储器是由若干存储单元构成的，每个存储单元都有一个编号，这个编号称为_____。

A. 存储序号 B. 存储容量

C. 存储地址 D. 存储字节

10. 下列设备中，_____是输出设备。

A. 显示器 B. 打印机

C. 音响 D. 以上都是

11. 微型计算机系统中的内存条指_____。

A. RAM B. ROM C. Cache D. BIOS

12. 下列关于硬盘的说法，正确的是_____。

A. 硬盘的容量非常大，能长期保存数据

B. 硬盘在断电之后，数据会消失

C. 硬盘的容量大，读取速度比内存快

D. 硬盘中的数据可以直接被 CPU 使用

13. 以下存储器中，使用光介质来存储数据的是_____。

A. U 盘 B. RAM C. DVD D. 硬盘

14. 下列选项中，_____不属于系统总线。

A. 数据总线 B. 地址总线

C. 控制总线 D. 通信总线

15. PCI – E 是_____总线。

A. 并行总线 B. 串行总线

C. 环形总线 D. 星形总线

16. 支持热插拔接口的是_____。

A. USB B. IEEE 1394

C. E – SATA D. 以上都是

17. 计算机能够识别并执行的语言是_____。

A. 汇编语言 B. 高级语言

C. SQL 语言 D. 机器语言

18. 用高级语言编写的程序称为_____。

A. 汇编程序 B. 源程序

C. 可执行程序 D. 编译程序

19. 下列关于 SATA 接口的说法错误的是_____。

A. 支持热插拔 B. 是一种串行接口

C. 是一种并行接口 D. 连接硬盘和光驱等设备

20. 光盘驱动器的倍速越大，表示_____。

A. 数据传输速率越快 B. 光盘图像质量越好

C. 光盘容量越大 D. 以上都不对

21. 以下说法错误的是_____。

A. CPU 不能向 ROM 随机写入数据

B. ROM 在断电之后数据不会消失

C. ROM 是只读存储器的英文缩写

D. ROM 属于外存储器

22. 下列选项中，_____是内存容量的基本单位。

A. bit   B. Byte   C. KB   D. GB

23. 指令的有序集合，称为_____。

A. 软件   B. 机器语言

C. 程序   D. 高级语言

24. 下列选项中，_____不是系统软件。

A. Office   B. UNIX   C. Linux   D. Windows

25. 下列选项中，_____不是应用软件。

A. AutoCAD   B. Photoshop   C. Word   D. MAC OS

26. 指令的执行过程分为_____。

A. 取指令、分析指令、执行指令   B. 读指令、写指令、存储指令

C. 取指令、读指令、删除指令   D. 读指令、分析指令、执行指令

27. 实用程序主要对计算机系统资源进行管理、配置和维护。下列选项中，_____不属于实用程序。

A. Windows 优化大师   B. WinRAR 压缩软件

C. 磁盘清理   D. Windows

28. 在微型计算机常用的存储器中，读写速度最快的是_____。

A. DVD   B. U 盘   C. 内存   D. 硬盘

29. 与机械硬盘相比，固态硬盘的优点是_____。

A. 容量大   B. 价格便宜

C. 使用寿命长   D. 读写速度快

30. 下列选项中，_____属于外部设备。

A. 运算器、控制器、存储器、显示器

B. 光驱、鼠标、键盘、扫描仪、显示器

C. 内存、硬盘、显示器、打印机

D. 显示器、运算器、鼠标、键盘

31. 通常情况下，_____越高，运算速度越快。

A. 主频   B. 字长   C. 带宽   D. 位数

32. 主板是所有部件和设备的_____。

A. 连接载体   B. 通信载体

C. 运行载体   D. 控制载体

33. Cache 是为了解决_____。

A. 内存与外存之间速度不匹配的问题

B. CPU 与外存之间速度不匹配的问题

C. CPU 与内存之间速度不匹配的问题

D. 主机与外部设备之间速度不匹配的问题

34. Cache 的出现，它_____。

A. 提高了 CPU 的主频

B. 提高了 RAM 的容量

C. 缩短了 CPU 访问 RAM 的时间

D. 缩短了 CPU 访问硬盘的时间

35. 主板上最重要的部件是_____。

A. 插槽   B. 接口

C. 主板架构   D. 芯片组

36. BIOS 的主要作用是_____。

A. 提高 CPU 的运算速度

B. 开机自检并加载基本的驱动程序

C. 提高 ROM 的读写速度

D. 提高 RAM 的读写速度

37. 关于显示器的说法，错误的是_____。

A. 颜色位数越多越好   B. 刷新频率越高越好

C. 分辨率越高越好   D. 显示器越贵越好

38. 在计算机系统中，负责指挥计算机各部分自动协调一致地进行工作的部件是_____。

A. 控制器   B. 运算器   C. 存储器   D. 显示器

二、填空题

1. 计算机系统包括_____和_____。

2. 计算机软件系统包括_____和_____。

3. CPU 能够直接访问的存储器是_____。

4. 运算器是执行_____运算和_____运算的部件。

5. 没有安装任何软件的计算机称为_____。

6. 常用的输入设备有_____、_____、_____、_____等。

7. 常用的输出设备有_____、_____、_____、_____等。

8. 指令是由_____和_____组成。

9. 常用的操作系统有_____、_____、_____、_____。

10. 用_____编写的程序可以直接被计算机识别并执行。

11. 计算机的工作过程实际上是_____的过程。

12. 计算机工作时，有_____和_____在执行指令的过程中流动。

13. RAM 的性能指标有_____和_____。

14. USB 接口是一种_____接口。

第8章

<<<<<<

操作系统知识习题

一、选择题

1. 操作系统属于_____。

A. 系统软件   B. 应用软件

C. 实用软件   D. 工具软件

2. 操作系统主要是负责管理计算机的_____。

A. CPU 资源   B. 硬件和软件资源

C. 网络资源   D. 内存资源

3. 操作系统实质是_____。

A. 一组数据   B. 一个文档

C. 一个文本   D. 一组程序

4. 下列操作系统中，_____属于单用户单任务操作系统。

A. Windows 10   B. Windows Server

C. MS DOS   D. Windows 7

5. 下列操作系统中，_____是源代码开放的操作系统。

A. Windows   B. UNIX

C. MAC OS   D. Android

6. 下列操作系统中，不属于智能手机操作系统的是_____。

A. Android   B. iOS

C. Windows phone   D. UNIX

7. 下列操作系统中，运行在 Apple 公司 Macintosh 系列计算机上的操作系统是_____。

A. Windows   B. MAC OS

C. Linux   D. Android

8. 下列操作系统中，_____不是微软公司研发的。

A. Windows Server   B. Windows Vista

C. Windows 7   D. iOS

9. 选择多个连续文件时，可在选择第一个文件后，按住_____键不松开，单击最后一个文件。

    A.〈Shift〉   B.〈Ctrl〉

    C.〈Alt〉   D.〈Esc〉

10. 在 Windows 操作系统中，各应用程序之间通过_____进行信息交换。

    A. 画图   B. 计算器

    C. 剪贴板   D. 记事本

11. 在 Windows 操作系统中，若进行了多次复制操作，则剪贴板中的内容是_____。

    A. 所有复制的内容   B. 没有任何内容

    C. 第一次复制的内容   D. 最后一次复制的内容

12. 剪贴板是_____。

    A. 一块内存空间   B. 一块硬盘空间

    C. 一个文件   D. 一个应用程序

13. Windows 10 操作系统是一个_____。

    A. 单用户单任务操作系统   B. 单用户多任务操作系统

    C. 多用户单任务操作系统   D. 多用户多任务操作系统

14. 使用_____组合键，可进行中/英文输入法的切换。

    A.〈Ctrl + 空格〉   B.〈Shift + 空格〉

    C.〈Alt + 空格〉   D.〈Esc + 空格〉

15. 使用_____组合键，可进行中文输入法之间的切换。

    A.〈Ctrl + Shift〉   B.〈Alt + Ctrl + Shift〉

    C.〈Alt + 空格〉   D.〈Alt + Esc〉

16. 扩展名为 .txt 的文件类型是_____。

    A. Word 文件   B. Excel 文件

    C. 文本文件   D. 压缩文件

17. 下列关于文件的说法中，_____是正确的。

    A. 文件的名称可以是任意字符

    B. 用户按照文件名称来访问文件

    C. 用户的扩展名不能少于 3 字符

    D. 如果文件的属性是只读，则不能删除该文件

18. 要选定不相邻的多个文件，可以按住_____键不松开，单击其他文件。

    A.〈Ctrl〉   B.〈Alt〉

    C.〈Shift〉   D.〈Esc〉

19. 若将一个应用程序添加到_____文件夹，则每次启动 Windows 操作系统时，系统就自动启动该应用程序。

    A. 启动   B. Windows 附件

    C. Windows 系统工具   D. Windows 管理工具

20. 下列关于磁盘管理的说法，正确的是_____。

    A. 新购买的磁盘，可以不经过任务处理，直接使用

    B. 新购买的磁盘必须经过分区、格式化才能使用

C. 主分区可以再细分为逻辑分区

D. 逻辑分区可以再细分为扩展分区

21. 关于驱动程序的说法，正确的是_____。

A. U 盘可以直接连接到计算机进行使用，因此不需要驱动程序

B. U 盘连接到计算机后，操作系统会自动安装驱动程序

C. U 盘、移动硬盘、数码相机连接到计算机后可以直接使用，因此它们的驱动程序是一样的

D. 同一个品牌的打印机，它们的驱动程序是一样的

22. 在搜索文件时输入"＊.jpg"，则搜索的是_____。

A. 所有扩展名为 .jpg 的图像文件

B. 文件名含有"＊"号的文件

C. 文件名含有 jpg 的文件

D. 所有文件

23. 文件被直接删除而不进入回收站的操作，是在选定文件后，_____。

A. 按〈Delete〉快捷键　　　　　　　　B. 按〈Ctrl + Delete〉组合键

C. 按〈Shift + Delete〉组合键　　　　　D. 按〈Alt + Delete〉组合键

24. 下列关于程序的说法，正确的是_____。

A. 程序是指令的有序集合

B. 程序可以直接在硬盘驱动器中执行

C. 一个程序只能被执行一次

D. 程序存储在内存储器中

25. 下列关于进程的说法，正确的是_____。

A. 进程就是程序

B. 进程是一个正在被执行的程序

C. 进程是一个静态的概念，程序是一个动态的概念

D. 进程是线程的进一步细分

26. 下列关于线程的说法，错误的是_____。

A. 线程是进程的进一步细分

B. 线程是 Windows 操作系统中调度和分配 CPU 的最基本单位

C. 一个进程只能有一个线程

D. 进程细分为线程，可以更好地实现并发处理和共享资源

27. 打开任务管理器，可以使用组合键_____。

A. 〈Ctrl + Shift + Esc〉　　　　　　　B. 〈Ctrl + Alt + Esc〉

C. 〈Ctrl + Shift + 空格〉　　　　　　　D. 〈Alt + Shift + Esc〉

28. 将正在运行的应用程序窗口最小化，则该应用程序_____。

A. 停止运行　　　　　　　　　　　　B. 继续运行

C. 结束运行　　　　　　　　　　　　D. 暂停运行

29. "回收站"是_____。

A. 内存中的一块存储空间

B. 一个专门装垃圾文件的硬件设备

C. 硬盘中的一块存储空间

D. 一个专门处理垃圾文件的软件

30. 下列关于"回收站"说法，正确的是_____。

A. 回收站中的对象可以打开运行

B. 回收站中的对象可以还原

C. 回收站中的对象不占用任何存储空间

D. 以上说法都不正确

31. 在树状文件夹结构中，文件的绝对路径是从_____开始表示的。

A. 根文件夹   B. 父文件夹

C. 子文件夹   D. 当前文件夹

32. 下列不是图像文件扩展名的是_____。

A. . jpg   B. . bmp

C. . png   D. . avi

33. "My，First，Program. Hello、Word. abc. docx"的扩展名是_____。

A. . hello   B. . abc

C. . docx   D. . abc. docx

34. 若要选中文件夹中的所有文件和子文件，则可以使用组合键_____。

A. 〈Ctrl + A〉   B. 〈Ctrl + C〉

C. 〈Ctrl + V〉   D. 〈Ctrl + X〉

35. 若要使文件只能被查看，而不能被修改，则应将文件的属性设置为_____。

A. 隐藏   B. 只读

C. 查看   D. 不能修改

36. 格式化磁盘，是指_____。

A. 删除磁盘上的所有数据   B. 对数据没有任何影响

C. 删除不需要的数据   D. 删除内存中的数据

37. 下列关于文件资源管理器的说法，错误的是_____。

A. 文件资源管理器是一个应用程序

B. 文件资源管理器是一个系统文件夹

C. 在文件资源管理器中，可以新建文件、打开文件、搜索文件

D. 文件资源管理器用于管理计算机的所有资源

38. 格式化磁盘时，若选择"快速格式化"，则被格式化的磁盘必须是_____。

A. 新购买的磁盘   B. 没有损坏扇区的磁盘

C. 曾被格式化过磁盘   D. 写保护的磁盘

39. 通过_____可以重新整理文件在磁盘中的存储位置，将文件存储在连续的空间，以提高访问速度。

A. 磁盘清理   B. 磁盘维护

C. 磁盘碎片整理   D. 磁盘检查

40. 当一个 Word 文档保存并关闭窗口后，该文档_____。

A. 存储在硬盘中   B. 存储在内存中

C. 存储在 CPU 中   D. 存储在显示器中

二、填空题

1. Windows 10 操作系统的功能有_____、_____、_____、_____和_____。

2. 文件路径分为_____和_____。

3. 指令的有序集合称为_____。

4. Windows 10 属于_____软件。

5. 对输入的数据，能够在一定时间范围内计算并输出结果的操作系统是_____。

6. _____是正在被执行的程序。

7. _____是 Windows 操作系统中分配 CPU 时间的最基本单位。

8. Windows 10 操作系统支持的常用文件系统有_____、_____和_____。

9. Windows 10 操作系统中，拥有最高权限的用户是_____账户。

10. 在对磁盘进行分区时，可以分为_____和扩展分区。

11. _____表示文件的类型。

12. 在 Windows 操作系统中，组织文件夹的结构称为_____。

13. 当一个应用程序无响应时，可以通过_____结束任务。

第9章

<<<<<

计算机网络与 Internet 基础知识习题

一、选择题

1. Internet 的前身是_____。
A. ARPANET   B. Ethernet
C. Cernet   D. Intranet

2. HTML 的中文名是_____。
A. WWW 编程语言   B. 超文本标记语言
C. 主页制作语言   D. Internet 编程语言

3. ISP 指的是_____。
A. 信息内容提供商   B. 硬件产品提供商
C. 网络服务提供商   D. 软件产品提供商

4. 可以使用下列选项中的_____软件浏览网页。
A. Microsoft Word   B. Internet Explorer
C. Microsoft FrontPage   D. 网上邻居

5. 以下选项中，_____不是计算机网络的主要功能。
A. 消息发布和传播   B. 电子商务处理
C. 软硬件资源共享   D. 文字图像处理

6. 要想将计算机连接网络，必须在计算机上配置_____。
A. 网络适配器（网卡）   B. 网关
C. 交换机   D. 路由器

7. 在 Internet 中，用来远程传输文件的服务是_____。
A. WEB 服务   B. HTTP 服务
C. TELNET 服务   D. FTP 服务

8. 在 Internet 的域名中，EDU 代表_____。
A. 商业机构   B. 政府机构
C. 教育机构   D. 军事机构

9. 在电子邮件地址 DCXY@ YNUDCC. CN 中，DCXY 代表_____。

A. 主机域名 　　　　　　　　　　B. 用户名

C. 邮箱名 　　　　　　　　　　　D. 用户地址

10. 在 Internet 中，一个 IPV4 地址由_____位二进制数组成。

A. 32 　　　　　　　　　　　　　B. 16

C. 4 　　　　　　　　　　　　　　D. 128

11. TCP/IP 是一个完整的协议集，它的全称是_____。

A. 远程传输协议 　　　　　　　　B. 远程登录协议

C. 传输控制/网际协议 　　　　　　D. 传输控制协议

12. 在计算机网络中，所有计算机都连接到一个中心节点。一个网络要传输数据，首先要将数据传输到中心节点，然后由中心节点转发到目标节点，这种组网结构被称为_____。

A. 总线结构 　　　　　　　　　　B. 环形结构

C. 星形结构 　　　　　　　　　　D. 网状结构

13. 计算机网络最突出的优点是_____。

A. 运算速度快 　　　　　　　　　B. 存储容量大

C. 可以看新闻 　　　　　　　　　D. 实现资源共享

14. 网络类型按地域范围划分为_____。

A. 局域网、以太网、Internet 网 　　B. 局域网、城域网、广域网

C. 电缆网、通信网、电话网 　　　D. 中继网、局域网、广域网

15. TCP 协议的主要功能是_____。

A. 路由控制 　　　　　　　　　　B. 数据转换

C. 分配 IP 地址 　　　　　　　　D. 建立程序间可靠通信

16. LAN 是_____的英文缩写。

A. 电话网 　　　　　　　　　　　B. 城域网

C. 局域网 　　　　　　　　　　　D. 广域网

17. 在计算机网络通信传输介质中，传输距离最远的是_____。

A. 光纤 　　　　　　　　　　　　B. 双绞线

C. 电话线 　　　　　　　　　　　D. 同轴电缆

18. 计算机网络由通信子网和_____组成。

A. 传输子网 　　　　　　　　　　B. 公用计算机网

C. 协议子网 　　　　　　　　　　D. 资源子网

19. 以下选项中，_____不属于计算机网络的基本拓扑结构。

A. 星形结构 　　　　　　　　　　B. 总线结构

C. 图形结构 　　　　　　　　　　D. 树状结构

20. 网络中的域名由多个代表不同层次的域，用_____连接构成。

A. 小圆点 　　　　　　　　　　　B. 逗号

C. 分号 　　　　　　　　　　　　D. 引号

21. Internet 网站域名中的 GOV 表示_____。

A. 政府部门 　　　　　　　　　　B. 商业部门

C. 教育机构　　　　　　　　　　　D. 组织

22. 在网络中用_____实现 IP 地址和域名一一对应。

A. DHCP　　　　　　　　　　　　B. DNS

C. TELNET　　　　　　　　　　　D. FTP

23. 在网络中接收电子邮件所使用的协议为_____。

A. SMTP　　　　　　　　　　　　B. FTP

C. HTTP　　　　　　　　　　　　D. POP3

24. 使用浏览器访问网络上的 WEB 站点时，第一时间打开的页面称为_____。

A. 主页　　　　　　　　　　　　B. WEB 页

C. 首发文件　　　　　　　　　　D. 新闻

25. 使用浏览器浏览网页时，光标移上去变成"小手"样式的位置称为_____。

A. 跳转　　　　　　　　　　　　B. 超链接

C. 临时页　　　　　　　　　　　D. Cookies

26. 下列选项中，属于 C 类 IP 地址的是_____。

A. 127. 0. 0. 1　　　　　　　　　B. 183. 168. 2. 3

C. 192. 168. 1. 1　　　　　　　　D. 240. 37. 56. 32

27. 当打开一个网页时，以下说法正确的是_____。

A. 只能输入 IP 地址　　　　　　　B. 需要同时输入 IP 地址和域名

C. 只能输入域名　　　　　　　　D. 既可以输入 IP 地址也可以输入域名

28. 在网络中，管理计算机通信的规则称为_____。

A. 协议　　　　　　　　　　　　B. 介质

C. 服务　　　　　　　　　　　　D. 网络终端

29. 下列软件中，可以用于上网浏览网页的是_____。

A. IE　　　　　　　　　　　　　B. OutLook

C. Photoshop　　　　　　　　　　D. CAD

30. 以下可以用来检查网络连通性的命令为_____。

A. ipconfig　　　　　　　　　　B. ping

C. arp　　　　　　　　　　　　D. cd

31. 在下列服务中，_____不是 Internet 提供的应用服务。

A. WWW 服务　　　　　　　　　B. E-mail 服务

C. FTP 服务　　　　　　　　　　D. NetBIOS 服务

32. 在 Internet 中，每一台计算机是通过_____来区分的。

A. 计算机名　　　　　　　　　　B. IP 地址

C. 序列号　　　　　　　　　　　D. 域名

33. 通常所说的 ADSL 是指_____。

A. 网络服务商　　　　　　　　　B. 网页制作技术

C. Internet 接入方式　　　　　　D. 网络品牌

34. Internet 中 URL 的含义是_____。

A. Internet 协议　　　　　　　　B. 统一资源定位器

C. 简单邮件传输协议　　　　　　　　D. 网页浏览器

35. 下列选项中，_____不属于无线通信介质。

A. 光纤　　　　　　　　　　　　　B. 激光

C. 微波　　　　　　　　　　　　　D. 卫星信号

二、填空题

1. 计算机网络系统由_____和_____两部分组成。

2. 在计算机网络中，资源共享的方式有_____、_____、_____。

3. 在计算机网络中，提供共享资源的设备是_____。

4. 按地域范围把计算机网络划分为_____、_____、_____。

5. 计算机网络是计算机技术和_____技术相结合的产物。

6. IPV6 地址包括_____和_____两部分。

7. 在星形网络拓扑结构中，各台计算机通过通信线路直接连接到_____。

8. OSI 模型把网络划分成_____层。

9. 网络协议的三要素是_____、_____、_____。

10. 网络连接的几何排列形状叫作_____。

11. 在计算机网络中从域名到 IP 地址的翻译过程称为_____。

12. DHCP 服务器的主要功能是动态分配_____。

13. IPV6 地址由_____位二进制数构成，每_____位为一组，共_____分组。

14. Internet 接入方式中的 ADSL 是指_____。

第 10 章

文字处理软件 Word 2010 知识习题

一、选择题

1. Word 2010 是一个_____。
A. 文字处理软件
B. 系统软件
C. 操作系统
D. 数据库软件

2. Word 2010 的扩展名是_____。
A. . doc
B. . docx
C. . xlsx
D. . pptx

3. 下列选项中，可以打开 Word 2010 的是_____。
A. 双击 Word 2010 快捷方式图标
B. 单击"开始"→"Microsoft Office"→"Microsoft Word 2010"
C. 双击 Windows 资源管理器中 Word 图标
D. 以上都可以

4. 退出 Word 2010 的组合键是_____。
A. 〈Alt + F4〉
B. 〈Shift + F4〉
C. 〈Ctrl + F4〉
D. 〈Enter + F4〉

5. 在 Word 2010 中，剪贴板任务窗格中最多可存放_____个粘贴对象。
A. 12
B. 24
C. 36
D. 48

6. 在 Word 2010 中，使用组合键_____可选中整个文档。
A. 〈Ctrl + C〉
B. 〈Ctrl + V〉
C. 〈Ctrl + A〉
D. 〈Ctrl + X〉

7. Word 2010 "文件"选项卡中"最近所用文件"所列出的是_____。
A. 当前打开的 Word 文档
B. 当前正在被编辑的 Word 文档
C. 计算机中所有的 Word 文档
D. 近期被操作过的 Word 文档

8. 在 Word 2010 中，格式刷的作用是_____。
A. 复制文本的段落格式

B. 复制文本的样式

C. 复制文本的字体和字号格式

D. 以上都对

9. 在 Word 2010 中，对文档进行段间距、行间距设置是在_____选项卡。

A. 开始   B. 插入

C. 页面布局   D. 视图

10. 若要一次性更改 Word 2010 文档中所有数字的字号、字体颜色等格式，可以使用_____。

A. 复制粘贴   B. 插入删除

C. 剪切粘贴   D. 查找替换

11. 将 Excel 2010 表格中的数据粘贴到 Word 2010，若要实现粘贴后 Word 2010 中的数据与 Excel 2010 中的数据同步更新，则在粘贴时应_____。

A. 选择性粘贴   B. 直接性粘贴

C. 间接性粘贴   D. 以上都不对

12. 通过_____可以调整段落的左右边界、首行缩进。

A. 标尺   B. 样式

C. 视图   D. 页面布局

13. 下列选项中，_____属于 Word 2010 文档。

A. MyFile. txt   B. MyFile. doc

C. MyFile. docx   D. MyFile. pptx

14. 下列选项中，不属于 Word 2010 视图的是_____。

A. 页面视图   B. 大纲视图

C. 阅读版式视图   D. 普通视图

15. 通过以下哪种方式可以建立一个 Word 2010 新文档？_____。

A. 选择"文件"→"新建"

B. 〈Ctrl + N〉组合键

C. 快速访问工具栏中的"新建"按钮

D. 以上都可以

16. 对"MyFile1. docx"文档进行修改后，选择"文件"→"另存为"，并以"MyFile2. docx"文件名保存，则修改的内容将保存在_____文档中。

A. MyFile1. docx

B. MyFile2. docx

C. MyFile1. docx 和 MyFile2. docx

D. 都不保存

17. 在 Word 2010 中，选择不连续的文本，可以通过_____操作实现。

A. 按〈Ctrl〉键，拖动鼠标   B. 按〈Shift〉键，拖动鼠标

C. 按〈Alt〉键，拖动鼠标   D. 按〈Delete〉键，拖动鼠标

18. 在"段落"选项组中，可以通过_____设置段落符号列表。

A. 项目符号   B. 项目编号

C. 多级列表　　　　　　　　　　　　D. 段落符号

19. 在 Word 2010 中，若编辑一个新建文档"文档 1"，当执行"文件"→"保存"命令时，_____。

A. "文档 1"将被保存

B. 弹出"另存为"对话框，并进行下一步操作

C. 自动以"文档 1"为文件名保存

D. 不能以"文档 1"为文件名保存

20. 在 Word 2010 中编辑"MyFile1. docx"文档，若要将经过编辑或修改后的文档以"MyFile2. docx"为名保存，则应当执行的操作是_____。

A. "文件"→"保存"

B. "文件"→"另存为"

C. "快速访问工具栏"→"保存"

D. 按〈Ctrl＋S〉组合键

21. 在 Word 2010 中，下列关于表格的说法，正确的是_____。

A. 文本和表格可以相互转换

B. 不可以绘制无规则的表格

C. 只可以插入有规则表格

D. 文本和表格不可以相互转换

22. 在 Word 2010 中输入文档时，以下说法正确的是_____。

A. 在"插入"状态下，输入的文字将插到插入点处；在"改写"状态下，输入的文字将覆盖现有内容

B. 在"插入"状态下，输入的文字将覆盖现有内容；在"改写"状态下，输入的文字将插到插入点处

C. 在"插入"和"改写"状态下，输入的文字将插到插入点处

D. 在"插入"和"改写"状态下，输入的文字将覆盖现有内容

23. 若要设置文档的"保存自动恢复信息时间间隔"，可以在_____中进行设置。

A. "开始"→"选项"→"保存"

B. "快速访问工具栏"→"保存"

C. "文件"→"选项"→"保存"

D. "文件"→"保存"

24. 若要查询当前正在编辑文档的字符数，正确的操作是_____。

A. "引用"→"目录"组中进行设置

B. "文件"→"信息"中查看

C. "审阅"→"校对"组中进行设置

D. 不能查询

25. 下列选项中，_____不是 Word 2010 默认的选项卡。

A. 表格工具　　　　　　　　　　　　B. 引用

C. 视图　　　　　　　　　　　　　　D. 邮件

26. 在 Word 2010 中，关于表格合并和拆分按钮的说法错误的是_____。

A. 可以对单元格进行上下或左右的合并

B. 可以对单元格进行上下或左右的拆分

C. 可以对表格进行上下拆分

D. 可以对表格进行左右拆分

27. 关于页码的说法，下列说法错误的是_____。

A. 页码可以插入页眉区域

B. 页码可以插入页脚区域

C. 页码可以插入左右页边距

D. 页码可以设置多种形式

28. 在"插入"选项卡的"插图"组中，不可以插入的是_____。

A. 图片   B. 剪贴画

C. SmartArt   D. 公式

29. 在 Word 2010 编辑状态下，要想删除光标前面的字符，可以按_____。

A. 〈Backspace〉键   B. 〈Delete〉键

C. 〈Ctrl + P〉组合键   D. 〈Shift + A〉组合键

30. 在 Word 2010 文档的编辑中，删除插入点右边的文字内容应按_____键。

A. 〈BackSpace〉   B. 〈Delete〉

C. 〈Insert〉   D. 〈Tab〉

31. 在 Word 2010 编辑状态中，使插入点快速移动到文档尾的操作是按_____。

A. 〈Home〉键   B. 〈Ctrl + End〉组合键

C. 〈Alt + End〉组合键   D. 〈Ctrl + Home〉组合键

32. 若要在文档正文中输入符号（例如：☺），则应执行的操作是_____。

A. 在"开始"选项卡的"段落"组中，单击"项目符号"按钮

B. 在"插入"选项卡的"符号"组中，单击"符号"按钮

C. 在"插入"选项卡的"插图"组中，单击"形状"按钮

D. 在"插入"选项卡的"插图"组中，单击"SmartArt"按钮

33. 在 Word 2010 中，"段落"格式设置不包括设置_____。

A. 首行缩进   B. 对齐方式

C. 段间距   D. 字符间距

34. 在 Word 2010 中，打印页码"5 - 7，9，10"表示打印的页码是_____。

A. 第 5、7、9、10 页   B. 第 5、6、7、9、10 页

C. 第 5、6、7、8、9、10 页   D. 以上说法都不对

35. Word 2010 文档可在_____中修改水印。

A. 文本框   B. 文档部件

C. 页眉和页脚   D. 超链接

36. 关于页眉和页脚的说法，错误的是_____。

A. 可以奇偶页不同

B. 可以在页眉、页脚处插入图片

C. 插入页眉、页脚之后，不能删除

D. 可以修改页眉、页脚的字体、字号、文本效果等

37. 在页眉或页脚处插入日期域后，则日期_____。

A. 保持固定不变 　　　　　　　　　　B. 随系统日期而改变

C. 由用户决定 　　　　　　　　　　　D. 不显示

38. 在 Word 2010 中，对某段文字执行"首字下沉"操作后，再对该段文字进行"分栏"操作时无效，原因是_____。

A. Word 2010 需要升级到更高版本

B. Word 2010 已被损坏，需重新安装

C. 不能在同一段落执行"首字下沉"和"分栏"两种操作，只能两者取其一

D. "分栏"只作用于文字，而不能作用于图形，而"首字下沉"后的文字具有图形的效果，只要不选中下沉的文字，则可以进行分栏

39. 在 Word 2010 中编辑状态中，若执行了"开始"→"段落"→"编号"操作，则在每个新增段落前将_____。

A. 自动添加连续的编号

B. 自动添加不连续的编号

C. 自动添加编号，编号是否连续，则由用户决定

D. 不会添加编号

40. Word 2010 的最大缩放比例是_____。

A. 100% 　　　　　　　　　　　　　　B. 250%

C. 300% 　　　　　　　　　　　　　　D. 500%

41. 在 Word 2010 的表格中，计算求和的函数是_____。

A. COUNT 　　　　　　　　　　　　　B. IF

C. AVERAGE 　　　　　　　　　　　　D. SUM

42. 在 Word 2010 中插入的图片与文字的环绕方式不包括_____。

A. 嵌入型 　　　　　　　　　　　　　B. 四周型

C. 上下型 　　　　　　　　　　　　　D. 左右型

43. 在 Word 2010 中，如果在输入的文字或标点下出现红色波浪线，则表示_____。

A. 语法错误 　　　　　　　　　　　　B. 句法错误

C. 拼写错误 　　　　　　　　　　　　D. 系统错误

44. 在文档处于修订状态下进行的修改，将_____。

A. 在文档处留下修订标记

B. 在文档处不会留下修订标记

C. 在文档处会插入一个空白的修订窗口

D. 以上都不对

45. 在 Word 2010 文档中，有一份学生成绩表格，若要对成绩（百分制）进行排序，则排序的类型应当选择_____。

A. 按"笔画"排序 　　　　　　　　　　B. 按"日期"排序

C. 按"拼音"排序 　　　　　　　　　　D. 按"数字"排序

二、填空题

1. 在 Word 2010 中，段落的对齐方式有_____、_____、_____、_____和_____。

2. 若要将插入点定位于文档的某一页（如第 10 页），则最快速、方便的操作方式是在"文件"选项卡的"编辑"组中，单击"查找与替换"按钮，通过弹出的对话框中的_____来实现。

3. 脚注位于_____，尾注位于_____。

4. 在 Word 2010 中，要创建文档的目录，则首先要利用_____功能，对文档标题进行多级格式化。

5. 若要将另一文档插到当前文档光标所在的位置，应在"插入"选项卡的"文本"组中，单击_____按钮，在下拉列表中选择_____命令。

6. 在对 Word 2010 文档进行编辑时，复制文本的组合键是_____，粘贴文本的组合键是_____，剪切文本的组合键是_____。

7. 若要将图片设置为页面背景，则在"页面布局"选项卡的"页面背景"组中，单击_____按钮进行设置。

8. 在 Word 2010 中有一个跨了多页的学生成绩表，若希望在每一页都显示表格的标题，可将光标定位于标题行，在"表格工具－布局"选项卡的"数据"组中，单击_____按钮来实现。

9. 在 Word 文档中插入超链接后，按下_____键并单击连接，可转入被链接处。

10. 对于长文档，若要对内容进行快速浏览，则在"视图"选项卡的"显示"组中，单击_____按钮来实现。

11. 小王正在对毕业论文进行排版，要求论文的奇数页页眉显示论文标题，偶数页页眉显示章标题，则小王首先应对论文的每一章插入_____符。

第 11 章

电子表格软件 Excel 2010 知识习题

一、选择题

1. 工作表的默认名是_____。

A. book   B. sheet

C. paper   D. table

2. Excel 文件的保存是以_____为单位的。

A. 工作簿   B. 工作表

C. 单元格   D. 数据区域

3. Excel 2010 工作簿的文件扩展名为_____。

A. . docx   B. . doc

C. . xlsx   D. . xls

4. 用户在输入数据后，可以通过_____来更改光标移动的方向。

A. 按〈Enter〉键   B. 按〈Alt〉键

C. 按〈Ctrl〉键   D. 按〈Shift〉键

5. 输入以 0 开头的数字时，应该在数字前加_____。

A. #   B. @

C. ″   D. ′

6. 在 Excel 2010 中，超过 11 位的数字会显示为_____。

A. 科学计数   B. 以 0 开头

C. 以#开头   D. 以 $ 开头

7. 在输入真分数时，需要以按"0" +_____+分数的方式输入。

A. 〈Enter〉键   B. 〈Spacebar〉键

C. 〈Alt〉键   D. 〈Shift〉键

8. 输入当前日期的快捷方式为_____。

A. 〈Ctrl + ;〉组合键   B. 〈Shift + ;〉组合键

C. 〈Ctrl + Shift + ;〉组合键   D. 以上都不正确

9. 如果要在数据连续区域输入相同数据，使用组合键_____是一种非常方便的方式。

A. 〈Ctrl + Enter〉   B. 〈Ctrl + Alt〉

C. 〈Ctrl + Tab〉   D. 〈Ctrl + End〉

10. 逻辑运算符优先级别最高的是_____。

A. 逻辑乘   B. 逻辑非

C. 逻辑加   D. 优先级相同

11. 要选中多个不连续单元格，使用到的键是_____。

A. 〈Alt〉   B. 〈Shift〉   C. 〈Ctrl〉   D. 〈Insert〉

12. 要选中多个连续单元格，使用到的键是_____。

A. 〈Alt〉   B. 〈Shift〉   C. 〈Ctrl〉   D. 〈Insert〉

13. 使用_____命令，能将各单元格的格式特征进行预设，快速让单元格显示出有特色的样式。

A. 单元格样式   B. 图标集

C. 色阶   D. 底纹

14. 下列选项中，不属于条件格式的是_____。

A. 项目选取规则   B. 气泡图

C. 色阶   D. 数据条

15. _____的操作是：基于比较运算结果进行格式设置，将所选的单元格中符合条件的以特殊格式进行显示。

A. 图标集   B. 数据条

C. 项目选取规则   D. 突出显示单元格规则

16. 在自动填充序列时，_____不属于填充类型。

A. 等差序列   B. 日期

C. 分数   D. 等比序列

17. 使用公式时，必须以_____开头，后面紧接操作数和运算符。

A. =   B. #   C. *   D. &

18. 下列运算符中，_____为字符连接运算符。

A. =   B. #   C. *   D. &

19. 为单元格或区域命名时，下列符号中哪种符号不能使用？_____。

A. —   B. 1   C. X   D. _

20. 下列单元格引用中，_____为相对引用。

A. A1   B. A1   C. $A1   D. A$1

21. 选中公式或函数中需要转换的单元格地址，使用_____键，即可进行单元格引用的相互转换。

A. 〈F1〉   B. 〈F2〉   C. 〈F3〉   D. 〈F4〉

22. 下列选项中，不能作为函数参数的是_____。

A. 常量   B. 变量

C. 公式   D. 单元格引用

23. 在函数中，任何文本条件或任何含有逻辑或数学符号的条件都必须使用_____。

A. "   B. '   C. <   D. (

24. 在使用函数进行计算时，_____函数是逻辑判断函数。

A. IF   B. SUMIF   C. FV   D. PMT

25. IF 函数的必要参数个数为_____。

A. 1   B. 2   C. 3   D. 4

26. 在 SUMIF 函数的 3 个参数中，range 参数的含义为_____。

A. 要求和的实际单元格   B. 用于确定求和的条件

C. 用于条件计算的单元格区域   D. 关联的条件

27. TODAY 函数的参数个数为_____。

A. 3   B. 2   C. 1   D. 0

28. 当在 Excel 2010 中进行操作时，若某单元格中出现"####"的信息时，其含义是_____。

A. 在公式单元格引用不再有效

B. 单元格中的数字太大

C. 计算结果太长，超过了单元格宽度

D. 在公式中使用了错误的数据类型

29. 从 Excel 工作表产生图表时，_____。

A. 无法从工作表产生图表

B. 图表只能嵌入在当前工作表中，不能作为新工作表保存

C. 图表不能嵌入在当前工作表中，只能作为新工作表保存

D. 图表既能嵌入在当前工作表中，又能作为新工作表保存

30. 下面选项中不属于"迷你图"的是_____。

A. 散点图   B. 折线图

C. 柱形图   D. 盈亏

31. 在 Excel 2010 中，不能排序的依据是_____。

A. 数值   B. 单元格图标

C. 字体颜色   D. 字体大小

32. 利用 Excel 2010 进行自动筛选操作时，条件之间的关系为_____的关系。

A. 逻辑与   B. 逻辑或

C. 逻辑非   D. 逻辑异或

33. 下面关于分类汇总错误的是_____。

A. 分类汇总前，关键字段必须进行排序

B. 分类汇总可以被删除，但是排序操作不能撤销

C. 分类汇总的分类字段只能为一个字段

D. 分类汇总的方式就是进行求和计算

34. 在数据透视表组件中，可快速筛选出数据的是_____。

A. 数据分组   B. 切片器

C. 数据排序   D. 迷你图

35. 在"共享工作簿"工作中，下列选项中说法是正确的_____。

A. 允许多用户同时编辑，不允许同时工作簿合并

B. 不允许多用户同时编辑，允许同时工作簿合并

C. 不允许多用户同时编辑，允许不同时工作簿合并

D. 允许多用户同时编辑，允许同时工作簿合并

二、填空题

1. 在 Excel 2010 工作簿中，最多可以添加_____个工作表。

2. 当光标定位在活动单元格右下角时，出现的黑色"十"字标记被称为_____。

3. 在数据输入时，为了避免输入的数据有误，用户可以对数据的_____进行设置。

4. 对单元格进行锁定或隐藏公式，必须在设置_____后才有效。

5. 当数据满足某些条件时，_____按钮可以帮助用户快速对满足设定条件的单元格进行特殊格式设置。

6. 在 Excel 2010 中，页码显示分为两类：_____和_____。

7. 在 Excel 2010 中，单元格默认为锁定状态，当_____命令被设置后，全部单元格将被锁定，从而不能对其进行修改。

8. 在 Excel 中，公式就是一个等式，是由一组_____和_____组成的序列。

9. 函数一般由 =、_____和_____三部分组成。

10. 公式中常用的运算符可分为：算术运算符、_____、关系运算符、_____和引用运算符 5 类。

11. 名称框定义名称时，选中要定义名称的单元格或区域，在_____输入名称，输入完成后按〈Enter〉键。

12. 使用一个函数的函数值作为另一个函数的参数来使用，这种方式称为函数的_____。

13. 图表使用时，_____图通常用于描绘连续的数据，这对于分析数据趋势很有用。

14. 设置好的图表，如果需要反复使用，则可以将其保存为_____。

15. _____用于对图表的数据系列进行快速标识。

16. _____是一个嵌入在单元格中的微型图表。

17. 排序涉及多个列或条件时，可采用_____排序。

18. _____将数据表中的数据按照指定的标准进行分组，并进行计算，得到相应结果。

19. 在数据透视表中，为了让用户对数据的表达更加直观，可以为数据透视表添加_____。

20. 如果工作簿中的数据较大，且需要多名用户共同查看或编辑时，可以将工作簿_____。

21. 在数据表中，有时会出现复合字段，可以通过_____命令按钮将其拆分。

第 12 章

演示文稿软件 PowerPoint 2010 知识习题

一、选择题

1. 下列视图中，不属于 PowerPoint 2010 提供的视图方式的是_____视图。

A. "普通"   B. "Web 版式"

C. "幻灯片放映"   D. "阅读"

2. 在_____视图，可以方便地对幻灯片进行移动、复制、删除等编辑操作。

A. "幻灯片浏览"   B. "打印预览"

C. "幻灯片放映"   D. 以上都不行

3. 在 PowerPoint 2010 中，插入一张新幻灯片的组合键是_____。

A. 〈Ctrl + N〉   B. 〈Alt + N〉

C. 〈Ctrl + M〉   D. 〈Ctrl + I〉

4. 在幻灯片视图窗格中，要删除选中的幻灯片，不能实现的操作是_____。

A. 按〈Delete〉键

B. 按〈BackSpace〉键

C. 右键单击，在弹出的菜单中选择"隐藏幻灯片"

D. 右键单击，在弹出的菜单中选择"删除幻灯片"

5. 在 PowerPoint 2010 中最多可取消的操作数为_____次。

A. 50   B. 100

C. 150   D. 200

6. 要从第 2 张幻灯片转跳到第 10 张，可以通过_____进行设置。

A. 动画效果   B. 超链接

C. 幻灯片切换效果   D. 排练计时

7. 新建一个演示文稿时，第一张幻灯片的默认版式是_____。

A. 两栏文本   B. 项目清单

C. 标题幻灯片   D. 空白

8. 下列关于幻灯片主题的说法，错误的是_____。

A. 可以应用于所有幻灯片

B. 可以应用于指定幻灯片

C. 可以对已使用的主题进行更改

D. 可以在"文件"→"选项"中更改

9. 在 PowerPoint 2010 幻灯片母版中不能进行的操作是_____。

A. 插入超链接　　　　　　　　　　　B. 插入文字

C. 插入点位符　　　　　　　　　　　D. 插入页眉页脚

10. 更改超链接文字的颜色可以在_____选项卡_____组中。

A."开始"　　　　"字体"　　　　　　B."设计"　　　　　"主题"

C."开始"　　　　"编辑"　　　　　　D."设计"　　　　　"背景"

11. 在空白幻灯片中，不可以直接插入_____。

A. 文本框　　　　　　　　　　　　　B. 文字

C. 艺术字　　　　　　　　　　　　　D. 表格

12. 下列选项中，不是 PowerPoint 2010 幻灯片切换效果的是_____。

A. 细微型　　　　　　　　　　　　　B. 动态型

C. 温和型　　　　　　　　　　　　　D. 华丽型

13. 以下不是幻灯片版式的是_____。

A. 标题幻灯片　　　　　　　　　　　B. 两栏内容

C. 节标题　　　　　　　　　　　　　D. 剪贴画幻灯片

14. 一个演示文稿中_____幻灯片版式。

A. 只能包含一种　　　　　　　　　　B. 可以包含多种

C. 只能包含 3 种　　　　　　　　　　D. 可以包含 30 种

15. 要想让幻灯片上的对象沿某条路径运动，需要使用的动画切换效果是_____。

A. 进入　　　　　　　　　　　　　　B. 强调

C. 动作路径　　　　　　　　　　　　D. 退出

16. 在 PowerPoint2010 中，关于表格的说法下列选项中错误的是_____。

A. 可以向表格中插入新行和新列

B. 不能合并和拆分单元格

C. 可以改变列宽和行高

D. 可以给表格添加边框

17. 在 PowerPoint 2010 中，若为幻灯片中的对象设置"擦除"效果，应选择_____选项卡。

A."编辑"　　　　　　　　　　　　　B."设计"

C."幻灯片放映"　　　　　　　　　　D."动画"

18. 将幻灯片改为"灰度"是在_____选项卡中设置。

A."开始"　　　　　　　　　　　　　B."审阅"

C."视图"　　　　　　　　　　　　　D."设计"

19. 在 PowerPoint 2010 中，若要复制某个对象的动画设置到另一个对象，则可以使用_____。

A. 样式刷
B. 〈Ctrl + C〉组合键

C. 格式刷
D. 动画刷

20. 为所有幻灯片设置统一的、特有的外观风格，应使用_____。

A. 母版
B. 放映方式

C. 自动版式
D. 幻灯片切换

21. 若PowerPoint 2010工作区中出现了两条横跨屏幕的细虚线，是因为_____。

A. 屏幕坏了
B. 不小心显示了参考线

C. 不小心显示了标尺
D. 不小心显示了网格线

22. 下列不是PowerPoint 2010母版种类的是_____。

A. 放映母版
B. 幻灯片母版

C. 讲义母版
D. 备注母版

23. 在PowerPoint 2010中，要同时选中不连续的多张幻灯片时，需要按住_____键，并用鼠标选择。

A. 〈Shift〉
B. 〈Alt〉

C. 〈Ctrl〉
D. 〈Tab〉

24. 对于在幻灯片中插入音频，下列叙述错误的是_____。

A. 可以循环播放，直到停止

B. 可以在播完后返回开头

C. 可以插入录制的音频

D. 播完音频后显示的小图标不可以隐藏

25. PowerPoint 2010提供了文件的_____功能，可以将演示文稿、所链接的各种声音、图片等外部文件，以及有关的播放程序都存放在一起。

A. 广播
B. 另存为

C. 存储
D. 打包

26. 以下说法正确的是_____。

A. 在PowerPoint 2010中，不能把文件保存为.xml格式

B. 在PowerPoint 2010中，能把文件保存为.xlsx格式

C. 在PowerPoint 2010中，能把文件保存为.jpg格式

D. 在PowerPoint 2010中，不能把文件保存为.pdf格式

27. 在PowerPoint 2010中，若将幻灯片从打印机输出，可以用_____组合键。

A. 〈Alt + P〉
B. 〈Shift + P〉

C. 〈Tab + P〉
D. 〈Ctrl + P〉

28. 在PowerPoint 2010中，若播放时需要跳过第3～6张幻灯片，应对其设置_____。

A. 隐藏幻灯片
B. 幻灯片版式

C. 幻灯片切换方式
D. 删除幻灯片

29. 在PowerPoint 2010中，若要使幻灯片按规定的时间，实现连续自动播放，应进行_____。

A. 设置放映方式
B. 打包操作

C. 排练计时
D. 幻灯片切换

30. 若在演示文稿中只播放几张不连续的幻灯片，则应在"幻灯片放映"中的_____中进行设置。

A. "设置幻灯片放映"   B. "自定义幻灯片放映"

C. "广播幻灯片"   D. "录制幻灯片演示"

二、填空题

1. PowerPoint 2010 演示文稿的默认扩展名为____，模板文件的默认扩展名为____。

2. 在 PowerPoint 2010 中，默认的新建文件名是_____。

3. 复制、删除、移动幻灯片可以在_____视图和_____视图下进行。

4. 插入一张新幻灯片，可以在"开始"选项卡下单击_____命令。

5. 要给幻灯片添加页眉和页脚，应在_____选项卡的_____组中，单击"页眉和页脚"按钮。

6. 对于多次重复使用的幻灯片，可通过_____功能快速重建，提高制作效率。

7. 若要使幻灯片在播放时能每隔 3 秒自动转到下一页，可以在_____选项卡中设置。

8. 要终止幻灯片的放映，可直接按_____键。

9. 在 PowerPoint 2010 中需要自定义幻灯片的大小时，应在_____选项卡中操作。

10. 要在 PowerPoint 2010 中显示标尺、网络线、参考线，以及对幻灯片母版进行修改，应在_____选项卡中进行操作。

11. 在 PowerPoint 2010 中，要求同一个对象有多个动画效果，需要单击_____按钮进行设置。

12. 若单击幻灯片中的某一对象能启动另一对象的动画效果，则可以通过_____功能来实现。

13. 要将幻灯片编号显示在幻灯片的右上方，应在_____中进行设置。

14. _____是幻灯片窗格中带有虚线或影线标记的边框，是为标题、文本、图表、剪贴画等内容预留的位置。

15. 在 PowerPoint 2010 中，按_____键，从当前幻灯片开始放映；按_____键，从第一张幻灯片开始放映。

16. 为了使在 PowerPoint 2010 中编辑的演示文稿能在早期版本的 PowerPoint 中打开，可以将演示文稿保存为_____类型。

17. 在 PowerPoint 2010 中，母版分为三种：_____、_____、_____。

18. 在 PowerPoint 2010 中，一张 A4 纸最多可以打印_____张幻灯片。

19. 在 PowerPoint 2010 中，提供了_____、_____、_____ 3 种放映方式，分别适用于不同的播放场合。

20. 在 PowerPoint 中，_____母版可以作为演示者在演示文稿时的提示和参考，可以单独打印。

第 13 章

数据结构与算法设计基础知识习题

一、选择题

1. 下列叙述中，正确的是_____。
A. 所谓算法就是计算方法
B. 程序可以作为算法的一种描述方法
C. 算法设计只需考虑得到计算结果
D. 算法设计可以忽略算法的运算时间

2. 下列关于算法的描述中，错误的是_____。
A. 算法强调动态的执行过程，不同于静态的计算公式
B. 算法必须能在有限个步骤后终止
C. 算法设计必须考虑算法的复杂度
D. 算法的优劣取决于运行算法程序的环境

3. 下列叙述中，正确的是_____。
A. 算法的复杂度包括时间复杂度与空间复杂度
B. 算法的复杂度是指算法控制结构的复杂程度
C. 算法的复杂度是指算法程序中指令的数量
D. 算法的复杂度是指算法所处理的数据量

4. 下列叙述中，正确的是_____。
A. 算法的时间复杂度与计算机的运行速度有关
B. 算法的时间复杂度与运行算法时特定的输入有关
C. 算法的时间复杂度与算法程序中的语句条数成正比
D. 算法的时间复杂度与算法程序编制者的水平有关

5. 下列选项中，不属于算法的基本运算的是_____。
A. 算术运算   B. 逻辑运算
C. 位运算   D. 关系运算

6. 下列选项中，不属于算法基本设计方法的是_____。
A. 列举   B. 归纳

C. 递归   D. 循环

7. 下列叙述中，错误的是_____。

A. 数据结构中的数据元素可以是另一数据结构

B. 数据结构中的数据元素不能是另一数据结构

C. 空数据结构可以是线性结构也可以是非线性结构

D. 非空数据结构可以没有根节点

8. 下列叙述中，正确的是_____。

A. 非线性结构可以为空

B. 只有一个根节点和一个叶子节点的必定是线性结构

C. 只有一个根节点的必定是线性结构或二叉树

D. 没有根节点的一定是非线性结构

9. 下列选项中，不属于线性结构的是_____。

A. 栈   B. 队列

C. 堆   D. 双向链表

10. 下列选项中，说法错误的是_____。

A. 链队列是线性结构

B. 非空线性结构中只有一个节点没有前件

C. 非空线性结构中只有一个节点没有后件

D. 具有两个以上指针域的链式结构一定属于非线性结构

11. 下列叙述中，正确的是_____。

A. 一个算法的空间复杂度大，则其时间复杂度也必定大

B. 一个算法的空间复杂度大，则其时间复杂度必定小

C. 一个算法的时间复杂度大，则其空间可复杂度必定小

D. 上述三种说法都不对

12. 设有栈 S 和队列 Q，初始状态均为空。首先依次将 A、B、C、D、E、F 入栈，然后从栈中退出四个元素依次入队，将 X、Y、Z 入栈，将栈中所有元素退出并依次入队，最后将队列中所有元素退出，则退队元素的顺序为_____。

A. DEFXYZABC   B. FEDCZYXBA

C. FEDCXYZBA   D. DEFZYXABC

13. 设循环队列为 Q(1:m)，其初始状态为 front = rear = m。经过一系列入队与退队运算后，front = 11，rear = 18。现要在该循环队列中寻找最小值的元素，则在最坏情况下需要比较的次数为_____。

A. 6   B. 7

C. 8   D. 9

14. 设循环队列为 Q(1:m)，其初始状态为 front = rear = m。经过一系列入队与退队运算后，front = 18，rear = 11。现要在该循环队列中寻找最大值的元素，则在最坏情况下需要比较的次数为_____。

A. 7   B. 8

C. m − 7   D. m − 8

15. 下列叙述中正确的是_____。

    A. 能采用顺序存储的必定是线性结构

    B. 所有的线性结构都可以采用顺序存储结构

    C. 具有两个以上指针的链表必定是非线性结构

    D. 循环队列是队列的链式存储结构

16. 在线性表的顺序存储结构中，其存储空间连续，各个元素所占的字节数_____。

    A. 不同，但元素的存储顺序与逻辑顺序一致

    B. 不同，且其元素的存储顺序可以与逻辑顺序不一致

    C. 相同，元素的存储顺序与逻辑顺序一致

    D. 相同，但其元素的存储顺序可以与逻辑顺序不一致

17. 从表中任何一个节点位置出发就可以不重复地访问到表中其他所有节点的链表是_____。

    A. 循环链表   B. 双向链表

    C. 单向链表   D. 二叉链表

18. 已知二叉树的前序遍历为 ABDCE，中序遍历为 DBAEC，则后序遍历为_____。

    A. DBECA   B. DEBCA

    C. DBCEA   D. DBCEA

19. 已知二叉树的节点个数为 64，则二叉树的深度至少为_____。

    A. 5   B. 6

    C. 7   D. 8

20. 已知二叉树的深度为 6，则叶子节点个数至多为_____。

    A. 31   B. 32

    C. 63   D. 64

21. 已知某二叉树节点个数为 89，其中叶子节点的个数为 23，度为 1 的节点个数为_____。

    A. 41   B. 42

    C. 43   D. 44

22. 已知某二叉树度为 1 的节点个数为 12，度为 2 的节点个数为 13，则该树的总节点个数为_____。

    A. 38   B. 39

    C. 40   D. 41

23. 某二叉树总节点数为 70，其中，度为 2 的节点个数为 35，度为 0 的节点个数为_____。

    A. 36   B. 37

    C. 38   D. 不存在这样的二叉树

24. 下列叙述中，正确的是_____。

    A. 非完全二叉树可以采用顺序存储结构

    B. 有两个指针域的链表就是二叉链表

    C. 有的二叉树也能用顺序存储结构表示

D. 顺序存储结构一定是线性结构

25. 下列序列中，属于堆的是_____。

A. {14, 17, 12, 19, 13, 11, 10}　　　　　B. {17, 14, 12, 19, 13, 11, 10}

C. {19, 17, 13, 14, 12, 11, 10}　　　　　D. {19, 13, 17, 14, 12, 11, 10}

26. _____为顺序存储。

A. 链栈　　　　　　　　　　　　B. 链队列

C. 普通二叉树　　　　　　　　　D. 完全二叉树

27. 下列叙述中，正确的是_____。

A. 二分查找法只适用于顺序存储的有序线性表

B. 二分查找法适用于任何存储结构的有序线性表

C. 二分查找法适用于有序循环链表

D. 二分查找法适用于有序双向链表

28. 对长度为 n 的线性表进行顺序查找，在最坏情况下所需要的比较次数为_____。

A. $\log_2 n$　　　　　　　　　　　B. $n/2$

C. n　　　　　　　　　　　　　　D. $n+1$

29. 对于长度为 n 的线性表，在最坏情况下，下列各排序法所对应的比较次数中，正确的是_____。

A. 冒泡排序为 $n/2$　　　　　　　B. 冒泡排序为 n

C. 快速排序为 n　　　　　　　　D. 快速排序为 $n(n-1)/2$

30. 下列排序方法中，在最坏情况下，时间复杂度（即比较次数）最低的是_____。

A. 快速排序　　　　　　　　　　B. 希尔排序

C. 简单插入排序　　　　　　　　D. 冒泡排序

31. 已知一个有序表为（3, 17, 30, 35, 49, 55, 59, 69, 90, 143, 164），当使用二分法查找值为 90 的元素时，查找成功的比较次数为_____。

A. 1　　　　　　　　　　　　　　B. 2

C. 3　　　　　　　　　　　　　　D. 4

32. 在希尔排序法中，每经过一次数据交换后，_____。

A. 不会产生新的逆序

B. 只能消除一个逆序

C. 能消除多个逆序

D. 消除的逆序个数一定比新产生的逆序个数多

二、填空题

1. 算法的复杂度包括_____和_____。

2. 执行算法所需要的存储空间指的是_____。

3. 某一数据对象中所有数据成员之间的关系组成的集合是指_____。

4. 数据结构可分为_____结构和_____结构。

5. 在线性表中，所有元素所占用的存储空间是_____的。

6. _____有两个指针，左指针指向前件节点，右指针指向后件节点。

7. _____是一种先进后出的线性表。

8. _____是一种先进先出的线性表。

9. 数据结构分为线性结构和非线性结构，带链的队列属于_____。

10. 某二叉树总节点数为 9，其中叶子节点的个数为 1 个，则该树的深度为_____。

11. 堆分为_____和_____两类。

12. 图按边的方向有无分为_____和_____。

13. 某二叉树共有 13 个节点，其中有 4 个度为 1 的节点，则叶子节点数为_____。

14. 某树前序遍历为 ABC，中序遍历为 ABC，则后序遍历为_____。

15. 链式存储结构采用的是_____查找。

16. 当发现相邻两个数据的次序与排序要求的"递增次序"不符合时，就将这两个数据进行互换，属于_____排序。

17. 待排序关键码序列为（12，63，9，35，8，42，17，18），采用快速排序法，第一趟排序完成后，12 被放到了第_____位置。

18. 待排序关键码序列为（12，63，9，35，8，42，17，18），采用希尔排序法，第一趟排序完成后，12 被放到了第_____位置。

19. 扫描整个线性表，从中选出最小的元素，将它交换到表的最前面；然后对剩下的子表采用同样的方法，直到子表空为止，称为_____排序。

20. 在最坏情况下，堆排序法需要比较的次数为_____。

第 14 章

<<<<<<

程序设计基础知识习题

一、选择题

1. 结构化程序设计主要强调的是_____。

A. 程序的规模 　　　　　　　　B. 程序的易读性

C. 程序的执行效率 　　　　　　D. 程序的可移植性

2. 面向对象技术开发的应用系统的特点为_____。

A. 运行速度更快 　　　　　　　B. 占用内存量小

C. 维护更加复杂 　　　　　　　D. 重用性更强

3. 在程序设计过程中，对建立良好的程序设计风格，下列描述正确的是_____。

A. 程序应简单、清晰、可读性强 　　B. 符号名的命名只要符合语法

C. 充分考虑程序的执行效率 　　　　D. 程序的注释可有可无

4. 源程序的文档化不包括_____。

A. 符号名的命名要有实际意义 　　B. 正确的文档格式

C. 良好的视觉组织 　　　　　　　D. 正确的程序注释

5. 在设计程序时，应采纳的原则之一是_____。

A. 程序结构应有助于读者理解 　　B. 减少或取消注解行

C. 程序越短越好 　　　　　　　　D. 不限制 GOTO 语句的使用

6. 下列选项中，_____不属于结构化程序设计的方法。

A. 自顶向下 　　　　　　　　　　B. 逐步求精

C. 可复用 　　　　　　　　　　　D. 模块化

7. 结构化程序设计的三种基本控制结构是_____。

A. 过程、子程序和分程序 　　　　B. 顺序、分支和重复

C. 递归、堆栈和队列 　　　　　　D. 调用、返回和转移

8. 在面向对象的程序设计过程中，消息通常包括_____。

A. 接收消息的对象的名称、消息标识符和必要的参数

B. 接收消息的对象的名称和消息标识符

C. 发送消息的对象的名称、调用的接收方的操作名和必要的参数

D. 消息标识符

9. 一个对象在收到消息时，要予以响应。不同的对象收到同一消息可以产生完全不同的结果，这一现象称为对象的_____。

A. 继承性   B. 多态性

C. 抽象性   D. 封装性

10. 在面向对象程序设计中，从外面看只能看到对象的外部特征，而不知道也无须知道数据的具体结构以及实现操作的算法，这称为对象的_____。

A. 继承性   B. 多态性

C. 抽象性   D. 封装性

11. 下列叙述中，正确的是_____。

A. 程序设计就是编制程序

B. 程序的测试必须由程序员自己去完成

C. 程序经调试改错后还应进行再测试

D. 程序经调试改错后不必进行再测试

12. 下列描述中，不符合结构化程序设计风格的是_____。

A. 使用顺序、分支和重复三种基本控制结构表示程序的控制逻辑

B. 注重提高程序的可读性

C. 对源程序做充分的注释

D. 尽量多地使用 GOTO 语句

13. 结构化程序设计的一种基本方法是_____。

A. 筛选法   B. 递归法

C. 归纳法   D. 逐步求精法

14. 在面向对象程序设计中，函数重载是指_____。

A. 两个或两个以上的函数取相同的函数名，但形参的个数或类型不同

B. 两个以上的函数取相同名字和具有相同的参数个数，但形参类型可以不同

C. 两个以上的函数名字不同，但形参的个数或类型相同

D. 两个以上的函数取相同的函数名，并且函数的返回类型相同

15. 下列选项中，不符合良好程序设计风格的是_____。

A. 模块设计要保证高耦合、高内聚   B. 避免滥用 GOTO 语

C. 源程序要文档化   D. 数据说明的次序要规范化

16. 在结构化程序设计中，模块划分的原则是_____。

A. 各模块应包括尽量多的功能   B. 各模块的规模应尽量大

C. 各模块之间的联系应尽量紧密   D. 模块之间需要高内聚低耦合

17. 下列选项中，不属于面向对象程序设计特征的是_____。

A. 继承性   B. 类比性

C. 多态性   D. 封装性

18. 在面向对象方法中，依靠_____来实现信息隐蔽。

A. 对象的继承   B. 对象的多态

C. 对象的封装   D. 对象的分类

19. 在面向对象程序设计中，对象实现了数据和操作的结合，即对数据和数据的操作进行_____。

    A. 组合   B. 隐藏

    C. 抽象   D. 封装

20. 编制一个好的程序，除了要保证它的正确性和可靠性，还应强调良好的编程风格，在书写功能性注释时应考虑_____。

    A. 仅为整个程序作注释   B. 仅为每个模块作注释

    C. 为程序段作注释   D. 为每个语句作注释

21. 下列概念中，不属于面向对象方法的是_____。

    A. 对象   B. 继承

    C. 过程调用   D. 类

22. 面向对象的设计方法与传统的面向过程的方法有本质不同，它的基本原理是_____。

    A. 模拟现实世界中不同事物之间的联系

    B. 强调模拟现实世界中的算法而不强调概念

    C. 使用现实世界的概念抽象地思考问题从而自然地解决问题

    D. 鼓励开发者在软件开发的绝大部分中都用实际领域的概念去思考

23. 下列对对象概念的描述中，错误的是_____。

    A. 任何对象都必须有继承性   B. 对象是属性和方法的封装体

    C. 对象间的通信靠消息传递   D. 操作是对象的动态性属性

24. 在面向对象方法中，一个对象请求另一对象为其服务的方式是通过发送_____。

    A. 命令   B. 口令

    C. 消息   D. 调用语句

25. 下列选项中，_____不属于面向对象中软件设计的原则。

    A. 抽象   B. 模块化

    C. 自底向上   D. 信息隐藏

二、填空题

1. 从程序设计方法和技术的发展角度来说，程序设计主要经历了_____程序设计和_____程序设计两个阶段。

2. 在面向对象方法中，类的实例称为_____。

3. 机器语言和汇编语言是面向_____的语言；高级语言是面向_____的程序设计语言，它与机器硬件无关。

4. 子程序通常分为_____和_____两类，前者是命令的抽象，后者是为了求值。

5. 类是一个支持集成的抽象数据类型，而对象则是类的一个_____。

6. 在面向对象方法中，使用已经存在的类作为基础建立新类的定义，这种技术叫作类的_____。

7. 在面向对象的设计中，用来请求对象执行某一处理或回答某些信息的要求称为_____。

8. 用高级语言编写的程序称为_____程序，它可以通过_____程序翻译一句执一句的方式执行，也可以通过_____程序一次翻译产生_____程序，然后执行。

9. 一个类可以从直接或间接的父类中继承所有属性和方法。采用这个方法提高了软件_____。

10. 在面向对象的模型中，最基本的概念是对象和_____。

11. 在面向对象方法中，信息隐蔽是通过对象的_____性来实现的。

12. 在源程序文档中要求程序应加注释，注释分为_____和_____两种。

13. 结构化程序设计方法的主要原则可以概括为_____、_____、_____和_____。

14. 面向对象的程序设计方法中涉及的对象是系统中用来描述客观事物的一个_____。

第 15 章

软件工程基础知识习题

一、选择题

1. 软件工程学包括软件开发技术和软件工程管理两方面的内容。软件工程经济学是软件工程管理的技术内容之一，它专门研究_____。

A. 软件开发的方法学
B. 软件开发技术和工具
C. 软件成本效益分析
D. 计划、进度和预算

2. 结构化分析方法是面向_____的自顶向下逐步求精进行需求分析的方法。

A. 对象
B. 数据流
C. 数据结构
D. 目标

3. 为了提高模块的独立性，模块之间的耦合形式最好是_____。

A. 控制耦合
B. 公共耦合
C. 内容耦合
D. 数据耦合

4. 使用白盒测试方法时，确定测试数据应根据_____和指定的覆盖标准。

A. 程序的内部逻辑
B. 程序的复杂结构
C. 使用说明书
D. 程序的功能

5. 下列选项中，_____是软件调试技术。

A. 错误推断
B. 集成测试
C. 回溯法
D. 边界值分析

6. 下列描述中，正确的是_____。

A. 软件工程只解决软件项目的管理问题
B. 软件工程主要解决软件产品的生产率问题
C. 软件工程的主要思想是强调在软件开发过程中需要应用工程化原则
D. 软件工程只解决软件开发中的技术问题

7. 软件需求分析阶段的工作可以分为 4 个方面：需求获取、需求分析、编写需求分析说明书和_____。

A. 阶段性报告
B. 需求评审
C. 总结
D. 用户审查

8. 软件是指_____。

A. 程序
B. 程序和文档

C. 算法 + 数据结构
D. 程序、数据和相关文档的集合

9. 下列描述中，正确的是_____。

A. 软件测试的主要目的是发现程序中的错误

B. 软件测试的主要目的是确定程序中错误的位置

C. 为了提高软件测试的效率，最好由程序编制者自己来完成软件测试的工作

D. 软件测试是证明软件没有错误

10. 两个或两个以上模块之间关联的紧密程度称为_____。

A. 耦合度
B. 内聚度

C. 复杂度
D. 数据传输特性

11. 下列选项中，不属于软件生命周期开发阶段任务的是_____。

A. 软件测试
B. 概要设计

C. 软件维护
D. 详细设计

12. 下列叙述中，不属于结构化分析方法的是_____。

A. 面向数据流的结构化分析方法

B. 面向数据结构的 Jackson 方法

C. 面向数据结构的结构化数据系统开发方法

D. 面向对象的分析方法

13. 详细设计的结果基本决定了最终程序的是_____。

A. 代码的规模
B. 运行速度

C. 可维护性
D. 质量

14. 下列选项中，不属于静态测试方法的是_____。

A. 代码检查
B. 白盒测试

C. 静态结构分析
D. 代码质量度量

15. 下列对于软件测试的描述中，正确的是_____。

A. 软件测试的目的是证明程序是否正确

B. 软件测试的目的是使程序运行结果正确

C. 软件测试的目的是尽可能多地发现程序中的错误

D. 软件测试的目的是使程序符合结构化原则

16. 为了提高软件测试的效率，应该_____。

A. 随机选取测试数据

B. 取一切可能的输入数据作为测试数据

C. 在完成编码以后制订软件的测试计划

D. 集中对付那些错误群集的程序

17. 在软件生产过程中，需求信息是由_____给出的。

A. 程序员
B. 项目管理者

C. 软件分析设计人员
D. 软件用户

18. 软件设计中，有利于提高模块独立性的一个准则是_____。

A. 低内聚低耦合   B. 低内聚高耦合

C. 高内聚低耦合   D. 高内聚高耦合

19. 软件生命周期中花费时间最长的阶段是_____。

A. 详细设计   B. 软件编码

C. 软件测试   D. 软件维护

20. 需求分析的最终结果是产生_____。

A. 项目开发计划   B. 需求规格说明书

C. 设计说明书   D. 可行性分析报告

21. 在进行单元测试时，常用的方法是_____。

A. 采用白盒测试，辅之以黑盒测试

B. 采用黑盒测试，辅之以白盒测试

C. 只使用白盒测试

D. 只使用黑盒测试

22. 软件设计的基本原理中，_____是评价设计好坏的重要度量标准。

A. 信息隐蔽性   B. 耦合性

C. 模块独立性   D. 内聚性

23. 结构化方法中，用数据流程图（DFD）作为描述工具的软件开发阶段是_____。

A. 需求分析   B. 可行性分析

C. 详细设计   D. 程序编码

24. 程序流程图（PFD）中的箭头代表_____。

A. 数据流   B. 控制流

C. 调用关系   D. 组成关系

25. 在结构化方法中，软件功能分解属于下列软件开发中的_____阶段。

A. 详细设计   B. 需求分析

C. 总体设计   D. 软件维护

26. 软件调试的目的是_____。

A. 改善软件的性能   B. 发现错误

C. 挖掘软件的潜能   D. 改正错误

27. 在软件工程中，白盒测试法可以用于测试程序的内部结构。此方法将程序看作_____。

A. 循环的集合   B. 地址的集合

C. 路径的集合   D. 目标的集合

28. 在软件生命周期中，能准确地确定软件系统必须做什么和必须具备哪些功能的阶段是_____。

A. 详细设计   B. 概要设计

C. 可行性分析   D. 需求分析

29. 下列不属于软件工程开发的原则的是_____。

A. 抽象   B. 维护性

C. 信息隐藏   D. 局部化

30. 下列选项中，_____不属于软件工程的三个要素。

A. 工具　　　　　　　　　　　B. 过程

C. 方法　　　　　　　　　　　D. 环境

31. 下列选项中，不属于软件调试技术的是_____。

A. 强行排错法　　　　　　　　B. 回溯法

C. 集成测试法　　　　　　　　D. 原因排除法

32. 下列叙述中，不属于软件需求规格说明书的作用的是_____。

A. 便于用户、开发人员进行理解和交流

B. 反映出用户问题的结构，可以作为软件开发工作的基础和依据

C. 作为确认测试和验收的依据

D. 便于开发人员进行需求分析

33. 软件设计包括软件的结构、数据接口和过程设计，其中软件的过程设计是指_____。

A. 系统结构部件转换成软件的过程描述　　B. 模块间的关系

C. 软件层次结构　　　　　　　　　　　　D. 软件开发过程

34. 需求分析阶段的任务是确定_____。

A. 软件开发方法　　　　　　　B. 软件开发工具

C. 软件开发费用　　　　　　　D. 软件系统功能

35. 检查软件产品是否符合需求定义的过程称为_____。

A. 确认测试　　　　　　　　　B. 集成测试

C. 验证测试　　　　　　　　　D. 验收测试

二、填空题

1. 软件是程序、_____和_____的集合。

2. 在软件工程中，诊断和改正程序中错误的工作通常称为_____。

3. 在进行模块测试时，要为每个被测试的模块另外设计两类模块：驱动模块和承接模块（桩模块）。其中，_____的作用是将测试数据传送给被测试的模块，并显示被测试模块所产生的结果。

4. 按功能划分，软件测试分为白盒测试和黑盒测试两种。其中，等价类划分法属于_____测试。

5. 软件生命周期一般分为分析阶段、开发阶段和维护阶段。编码和测试属于_____阶段。

6. 在数据流图（DFD）中，利用_____对其中的图形元素进行确切解释。

7. 软件需求规格说明书应具有完整性、无歧义性、正确性、可验证性、可修改性等特性，其中最重要的是_____。

8. 在软件测试过程中，_____测试的原则之一是保证所测模块中的每一条独立路径至少执行一次。

9. 程序测试分为静态分析和动态测试。其中，_____是指不执行程序，而只是

对程序文本进行检查，通过阅读和讨论，分析和发现程序中的错误。

10. 软件的_____设计又称为总体结构设计，其主要任务是建立软件系统的总体结构。

11. 耦合和内聚是评价软件中模块独立性的两个主要标准，其中_____反映了模块内各成分之间的联系。

12. 常用的黑盒测试法有_____、_____、_____和错误推测法四种。

13. 软件维护活动包括改正性维护、_____、_____和预防性维护四种。

14. 软件开发环境是全面支持软件开发全过程的_____集合。

15. 软件危机出现于20世纪60年代末，为了解决软件危机，人们提出了用_____的原理和方法来设计软件，这就是软件工程诞生的基础。

16. 软件工程研究的内容主要包括_____技术和软件工程管理。

17. 软件测试中的单元测试又称模块测试，一般采用_____进行测试。

18. 数据流图的类型有_____和事务型。

19. 软件的需求分析阶段的工作，可以概括为需求获取、_____、_____和需求评审四个阶段。

20. 软件的调试方法主要有强行排错法、_____和原因排除法。

第 16 章

数据库技术基础知识习题

一、选择题

1. _____是数据库存储的基本对象，是描述事物的符号记录。

A. 数据　　　　　　　　　　　　B. 信息

C. 文件　　　　　　　　　　　　D. 对象

2. 数据库（DB）、数据库系统（DBS）和数据库管理系统（DBMS）之间的关系是_____。

A. DBS 就是 DB，也就是 DBMS

B. DBS 包括 DB 和 DBMS

C. DB 包括 DBS 和 DBMS

D. DBMS 包括 DB 和 DBS

3. 数据库技术的根本目标是_____。

A. 数据共享　　　　　　　　　　B. 数据存储

C. 数据定义　　　　　　　　　　D. 数据分析

4. 数据库系统中，存储在计算机内有结构的数据集合称为_____。

A. 数据库　　　　　　　　　　　B. 数据模型

C. 数据库管理系统　　　　　　　D. 数据结构

5. _____是数据库系统的核心。

A. 数据库　　　　　　　　　　　B. 数据库模型

C. 数据库管理系统　　　　　　　D. 数据库应用系统

6. 下列选项中，不属于数据库管理系统的功能的是_____。

A. 数据采集　　　　　　　　　　B. 数据定义

C. 数据操纵　　　　　　　　　　D. 数据服务

7. 数据库管理系统是_____。

A. 一种操作系统　　　　　　　　B. 操作系统的一部分

C. 一种编译程序　　　　　　　　D. 操作系统支持下的系统软件

8. 数据库管理系统提供的数据语言不包括_____。

A. DDL   B. DBL

C. DCL   D. DML

9. DBA 是数据库系统的一个重要组成，有很多职责。以下选项中，不属于 DBA 职责的是_____。

A. 定义数据库的存储结构和存取策略

B. 定义数据库的结构

C. 定期对数据库进行重组和重构

D. 设计和编写应用系统的程序模块

10. 数据管理技术发展过程经过三个阶段，其中数据独立性最高的阶段_____。

A. 人工管理   B. 文件系统

C. 数据库系统   D. 操作系统

11. 下面不属于数据库系统的特点的是_____。

A. 高集成性   B. 高共享性

C. 高冗余性   D. 高独立性

12. 数据库系统中完成查询操作使用的语言是_____。

A. 数据操纵语言   B. 数据定义语言

C. 数据控制语言   D. 数据并发语言

13. 下列叙述中，正确的是_____。

A. 数据库系统避免了一切冗余

B. 数据库系统减少了数据冗余

C. 在数据库系统中，数据的一致性是指数据类型一致

D. 数据库系统比文件系统能管理更多的数据

14. 数据库系统的数据独立性是指_____。

A. 不会因为存储策略的变化而影响存储结构

B. 不会因为数据的变化而影响应用程序

C. 不会因为系统数据存储结构与数据逻辑结构的变化而影响应用程序

D. 不会因为某些存储结构的变化而影响其他存储结构

15. 将数据库的结构划分成多个层次，是为了提高数据库的_____。

A. 管理规范性   B. 数据处理并发性

C. 逻辑独立性和物理独立性   D. 数据共享

16. 下列选项中，_____反映了数据在计算物理结构中的实际存储方式。

A. 外模式   B. 内模式

C. 概念模式   D. 子模式

17. 在数据库的三级模式中，外模式有_____个。

A. 1   B. 3

C. 5   D. 任意

18. 数据模型的三个要素是_____。

A. 外模式、概念模式、内模式

B. 实体完整性、参照完整性、用户自定义完整性

C. 数据增加、数据修改、数据查询

D. 数据结构、数据操作、数据约束

19. _____是对客观世界复杂事物的结构描述及它们之间的内在联系的刻画。

A. 概念模型   B. 逻辑模型

C. 物理模型   D. 空间模型

20. _____是一种面向数据库系统的模型，该模型着重于在数据库系统一级的实现。

A. 概念模型   B. 逻辑模型

C. 物理模型   D. 空间模型

21. 下列模型中，_____不属于逻辑模型。

A. 层次模型   B. 网状模型

C. 关系模型   D. 实体联系模型

22. 在 E - R 图中，用来表示实体联系的图形是_____。

A. 菱形   B. 三角形

C. 椭圆形   D. 矩形

23. 将 E - R 图转换为关系模式时，实体和联系都可以表示为_____。

A. 关系   B. 域

C. 属性   D. 键

24. 在学校每间办公室有 1～4 名教师办公，每个教师只在一间办公室办公，则实体办公室与实体教师间的联系是_____。

A. 一对一   B. 一对多

C. 多对一   D. 多对多

25. 下列叙述中，正确的是_____。

A. 一个关系的属性名表称为关系模式

B. 一个关系可以包括多个二维表

C. 为了建立一个关系，首先要构造数据的逻辑结构

D. 表示关系的二维表中，各元组的每一个分量还可以分成若干个数据项

26. 用树状结构表示实体之间联系的模型是_____。

A. 层次模型   B. 网状模型

C. 关系模型   D. 三个都是

27. 表 A 中的某属性集是表 B 的键，则称该属性值为表 A 的_____。

A. 次键   B. 外键

C. 主键   D. 候选键

28. 如果在一个表中，存在多个属性（或属性组）都能用来唯一标识该表的元组，且其任何子集都不具有这一特性。这些属性（或属性组）都被称为该表的_____。

A. 次键   B. 外键

C. 主键   D. 候选键

29. 学校的数据库中有表示系和学生的关系：系（系编号，系名称，系主任，电话，地点），学生（学号，姓名，性别，入学日期，专业，系编号），则关系学生中的主键和外键分别是_____。

A. 学号, 无   B. 学号, 专业

C. 学号, 姓名   D. 学号, 系编号

30. 有两个关系 R 和 T, 如下图, 得到的结果为关系 S, 则 R 和 T 进行的运算是_____。

R

A	B
a	1
b	2
c	3
d	4

T

A	C
a	5
b	6
c	7
d	8

S

A	B	C
a	1	5
b	2	6
c	3	7
d	4	8

A. 选择   B. 投影

C. 连接   D. 自然连接

31. 有两个关系 R 和 T, 如下图, 得到的结果为关系 S, 则 R 和 T 进行的运算是_____。

R

A	B
a	1
b	2
c	3
d	4

T

A	B
a	1
b	2
e	5
f	6

S

A	B
a	1
b	2
c	3
d	4
e	5
f	6

A. 并   B. 交

C. 差   D. 乘

32. 下列关系运算中, _____不要求关系 R 和 S 具有相同的属性个数。

A. $R \cup S$ B. $R \cap S$

C. $R - S$ D. $R \times S$

33. 有两个关系 R 和 S, 如下图, 则由关系 R 得到关系 S 的运算是_____。

R

A	B	C
a	1	5
b	2	6
c	3	7
d	4	8

S

A	B
a	1
b	2
c	3
d	4

A. 并   B. 交

C. 选择   D. 投影

34. 将需求分析阶段得到的用户需求抽象为信息结构的过程是_____。

A. 概念结构设计   B. 逻辑结构设计

C. 物理结构设计   D. 关系结构设计

35. 下列选项中，不属于数据库常用存取方法的是_____。

A. 索引法   B. 集簇法

C. 哈希法   D. 约束法

二、填空题

1. _____是由数据库、数据库管理系统、数据库管理人员、硬件等在一起的总称。

2. 数据表的一行称为一个_____，一列称为_____。

3. 从软件分类的角度来说，数据库管理系统属于_____软件。

4. 数据语言按使用方式具有两种结构形式：_____语言和_____语言。

5. 数据管理技术的三个阶段中，数据独立性最高的阶段是_____。

6. 数据库中完成数据查询操作使用的是_____语言。

7. 数据的独立性一般分为_____独立和_____独立。

8. 数据库系统的三级模式中，_____处于最底层。

9. 逻辑数据模型分为：层次模型、网状模型、_____模型和面向对象模型。

10. _____是概念世界中的基本单位，是客观存在并可以相互区别的事物。

11. 两个实体集之间的联系可分为：_____、_____和_____。

12. 关系表中可能有若干个码，它们称为表的_____码。

13. 关系模型允许设置三类数据约束，分别为：数据完整性约束、_____和用户自定义完整性约束。

14. _____完整性约束要求关系的主码属性值不能为空。

15. 连接运算包括_____和_____。

16. 关系代数是一种抽象的_____语言。

17. 数据库设计中有两种方法，面向_____的方法和面向过程的方法。

18. _____结构设计是得到 E－R 模型的阶段。

19. _____保证了数据库中数据的独立性。

20. 数据库的_____性是指数据的正确性和相容性。

参考答案

第6章　计算机概述知识习题

一、选择题

1. B	2. A	3. B	4. B	5. C
6. D	7. C	8. D	9. A	10. B
11. B	12. C	13. A	14. D	15. A
16. C	17. B	18. C	19. D	20. B
21. D	22. C	23. D	24. A	25. B
26. B	27. C	28. D	29. C	30. A
31. A	32. D	33. B	34. C	35. D

二、填空题

1. 通用机
2. 图灵测试
3. 冯·诺依曼
4. 电子管
5. 计算机辅助设计
6. 平台即服务
7. 传感器技术
8. 计算机　　输入输出设备
9. 信息
10. 微电子
11. 信息系统技术
12. 计算思维
13. 1011001. 1001　　131.44　　59.9
14. 阶码　　尾数
15. 10110110　　11001001　　11001010

16. 定点整数　　定点小数
17. （5A）H
18. 输入码　　国际码和机内码　　字形码
19. E0D2H
20. 512

第7章　计算机系统知识习题

一、选择题

1. A	2. D	3. B	4. A	5. C
6. B	7. D	8. D	9. C	10. D
11. A	12. A	13. C	14. D	15. B
16. D	17. D	18. B	19. C	20. A
21. D	22. B	23. C	24. A	25. D
26. A	27. D	28. C	29. D	30. B
31. A	32. A	33. C	34. C	35. D
36. B	37. D	38. A		

二、填空题

1. 硬件系统　　软件系统
2. 系统软件　　应用软件
3. 内存储器（内存或主存）
4. 算术　　逻辑
5. 裸机
6. 键盘　　鼠标　　触摸屏　　扫描仪
7. 显示器　　绘图仪　　打印机　　音响
8. 操作码　　地址码
9. Windows　　UNIX　　Linux　　MAC OS
10. 机器语言
11. 执行指令
12. 数据流　　控制流
13. 存储容量　　存取速度
14. 串行

第 8 章 操作系统知识习题

一、选择题

1. A	2. B	3. D	4. C	5. D
6. D	7. B	8. D	9. A	10. C
11. D	12. A	13. D	14. A	15. A
16. C	17. B	18. A	19. A	20. B
21. B	22. A	23. C	24. A	25. B
26. C	27. A	28. B	29. C	30. B
31. A	32. D	33. C	34. A	35. B
36. A	37. B	38. B	39. C	40. A

二、填空题

1. 处理机管理　　作业管理　　存储管理　　设备管理　　文件管理
2. 绝对路径　　相对路径
3. 程序
4. 系统
5. 实时操作系统
6. 进程
7. 线程
8. FAT32　　NTFS　　exFAT
9. 管理员
10. 主分区
11. 扩展名
12. 树状目录结构
13. 任务管理器

第 9 章 计算机网络与 Internet 基础知识习题

一、选择题

1. A	2. B	3. C	4. B	5. D
6. A	7. D	8. C	9. B	10. A
11. C	12. C	13. D	14. B	15. D

16. C	17. A	18. D	19. C	20. A
21. A	22. B	23. D	24. A	25. B
26. C	27. D	28. A	29. A	30. B
31. D	32. B	33. C	34. B	35. A

二、填空题

1. 通信子网　　资源子网

2. 硬件资源共享　　软件资源共享　　数据资源共享

3. 服务器

4. 局域网（LAN）　　城域网（MAN）　　广域网（WAN）

5. 通信

6. 网络地址　　主机地址

7. 中心设备

8. 7

9. 语法　　语义　　同步

10. 网络拓扑结构

11. 域名解析

12. IP 地址

13. 128　　16　　8

14. 非对称数字用户环路

第 10 章　文字处理软件 Word 2010 知识习题

一、选择题

1. A	2. B	3. D	4. A	5. B
6. C	7. D	8. D	9. A	10. D
11. A	12. A	13. C	14. D	15. D
16. B	17. A	18. A	19. B	20. B
21. A	22. A	23. C	24. C	25. A
26. D	27. C	28. D	29. A	30. B
31. B	32. B	33. D	34. B	35. C
36. C	37. B	38. D	39. A	40. D
41. D	42. D	43. C	44. A	45. D

二、填空题

1. 左对齐　　右对齐　　居中　　两端对齐　　分散对齐

2. 定位

3. 页面结尾处　　文档或章节结尾处尾

4. 样式

5. 对象　　文件中的文字

6. 〈Ctrl + C〉　　〈Ctrl + V〉　　〈Ctrl + X〉

7. 页面颜色

8. 重复标题行

9. 〈Ctrl〉

10. 导航窗格

11. 分节符

第 11 章　电子表格软件 Excel 2010 知识习题

一、选择题

1. B	2. A	3. C	4. A	5. D
6. A	7. B	8. A	9. A	10. B
11. C	12. B	13. A	14. B	15. D
16. C	17. A	18. D	19. A	20. B
21. D	22. B	23. A	24. A	25. A
26. C	27. D	28. C	29. D	30. A
31. D	32. A	33. D	34. B	35. D

二、填空题

1. 255

2. 填充柄

3. 数据有效性

4. 保护工作表

5. 条件格式

6. 系统页码　　手动添加页码

7. 保护工作表

8. 操作数　　运算符

9. 函数名　　参数

10. 字符运算符　　逻辑运算符

11. 名称框

12. 嵌套

13. 折线

14. 模板

15. 数据标签

16. 迷你图

17. 复杂

18. 分类汇总

19. 数据透视图

20. 共享

21. 分列

第 12 章　演示文稿软件 PowerPoint 2010 知识习题

一、选择题

1. B	2. A	3. C	4. C	5. C
6. B	7. C	8. D	9. A	10. B
11. B	12. C	13. D	14. B	15. C
16. B	17. D	18. C	19. D	20. A
21. B	22. A	23. C	24. D	25. D
26. C	27. D	28. A	29. C	30. A

二、填空题

1. .PPTX　　.POTX

2. 演示文稿 1

3. 普通　　幻灯片浏览

4. 新建幻灯片

5. 插入　　文本

6. 重用幻灯片

7. 切换

8. 〈Esc〉

9. 设计

10. 视图

11. 添加动画

12. 触发

13. 幻灯片母版

14. 占位符

15. 〈Shift + F5〉　　〈F5〉

16. PowerPoint 97 – 2003 演示文稿

17. 幻灯片母版　　　讲义母版　　　备注母版

18. 9

19. 演讲者放映（全屏幕）　　　观众自行浏览（窗口）　　　在展台浏览（全屏幕）

20. 备注

第 13 章　数据结构与算法设计基础知识习题

一、选择题

1. B	2. D	3. A	4. B	5. C
6. D	7. B	8. A	9. C	10. D
11. D	12. B	13. A	14. D	15. B
16. C	17. A	18. A	19. C	20. B
21. D	22. B	23. D	24. C	25. C
26. D	27. A	28. C	29. D	30. B
31. B	32. C			

二、填空题

1. 时间复杂度　　　空间复杂度

2. 算法空间复杂度

3. 数据结构

4. 逻辑　　　存储

5. 连续

6. 双向链表

7. 栈

8. 队列

9. 线性结构

10. 9

11. 大根堆　　　小根堆

12. 有向图　　　无向图

13. 5

14. CBA

15. 顺序

16. 冒泡

17. 3

18. 5

19. 简单选择排序

20. $O(n\log_2 n)$

第 14 章　程序设计基础知识习题

一、选择题

1. B	2. D	3. A	4. B	5. A
6. C	7. B	8. A	9. B	10. D
11. C	12. D	13. D	14. A	15. A
16. D	17. B	18. C	19. D	20. C
21. C	22. C	23. A	24. C	25. C

二、填空题

1. 结构化　　面向对象
2. 对象
3. 机器　　过程
4. 过程　　抽象
5. 实例
6. 继承
7. 消息
8. 源　　解释　　编译　　可执行
9. 可重用性
10. 类
11. 封装
12. 序言性　　功能性
13. 自顶向下　　逐步求精　　模块化　　限制使用 GOTO 语句
14. 实体

第 15 章　软件工程基础知识习题

一、选择题

1. C	2. B	3. D	4. A	5. C
6. B	7. B	8. D	9. A	10. A
11. C	12. D	13. D	14. B	15. C
16. D	17. D	18. C	19. D	20. B

21. A	22. C	23. A	24. B	25. C
26. D	27. C	28. D	29. B	30. D
31. C	32. D	33. A	34. D	35. A

二、填空题

1. 数据　　文档
2. 调试
3. 驱动模块
4. 黑盒
5. 开发
6. 数据字典
7. 正确性
8. 白盒
9. 静态分析
10. 概要
11. 内聚
12. 等价类划分法　　边界值分析法　　因果图法
13. 适应性维护　　完善性维护
14. 软件工具
15. 软件工程学
16. 软件开发
17. 白盒测试法
18. 变换型
19. 需求分析　　编写需求规格说明书
20. 回溯法

第16章　数据库技术基础知识习题

一、选择题

1. A	2. B	3. A	4. A	5. C
6. A	7. D	8. B	9. D	10. C
11. C	12. A	13. B	14. C	15. C
16. B	17. D	18. B	19. A	20. B
21. D	22. A	23. A	24. B	25. C
26. A	27. B	28. D	29. D	30. D
31. A	32. D	33. D	34. A	35. D

二、填空题

1. 数据库系统
2. 元组　　属性
3. 系统
4. 交互式命令　　宿主型
5. 数据库系统阶段
6. 数据操纵
7. 逻辑　　物理
8. 内模式（物理模式）
9. 关系
10. 实体
11. 一对一　　一对多　　多对多
12. 候选
13. 参照完整性约束
14. 数据
15. 等值连接　　自然连接
16. 查询
17. 数据
18. 概念
19. 两级映射
20. 完整

参考文献

［1］陈静．手把手教你学成 PPT 高手［M］．北京：清华大学出版社，2018．

［2］陈静，王颖娜．大学计算机基础实验指导［M］．2 版．北京：高等教育出版社，2013．